# 饶平石壁山风景区旅游总体规划
# 编制组人员构成

**项目负责人：**

陈蔚辉（韩山师范学院旅游管理与烹饪学院院长、韩山师范学院规划设计研究所所长）

**规划组成员：**

| | | |
|---|---|---|
| 陈蔚辉（教授） | 廖春花（博士） | 吴雁彬（博士） |
| 陈　飞（规划师） | 胡朝举（博士） | 杨佩群（副教授） |
| 李　莉（副教授） | 张　双（规划师） | 林冰洁（学生） |
| 叶　莉（学生） | 黄研妹（学生） | 林艺乔（学生） |
| 谢　曦（学生） | 郑　虹（学生） | 陈丽玲（学生） |
| 邱春丽（学生） | 魏娟慧（学生） | 陈海升（学生） |
| 郑少群（学生） | 罗晓桂（学生） | 李金龙（学生） |
| 陈武才（学生） | 郑景林（学生） | 张丹丽（学生） |

# 饶平石壁山风景区

陈蔚辉　主编

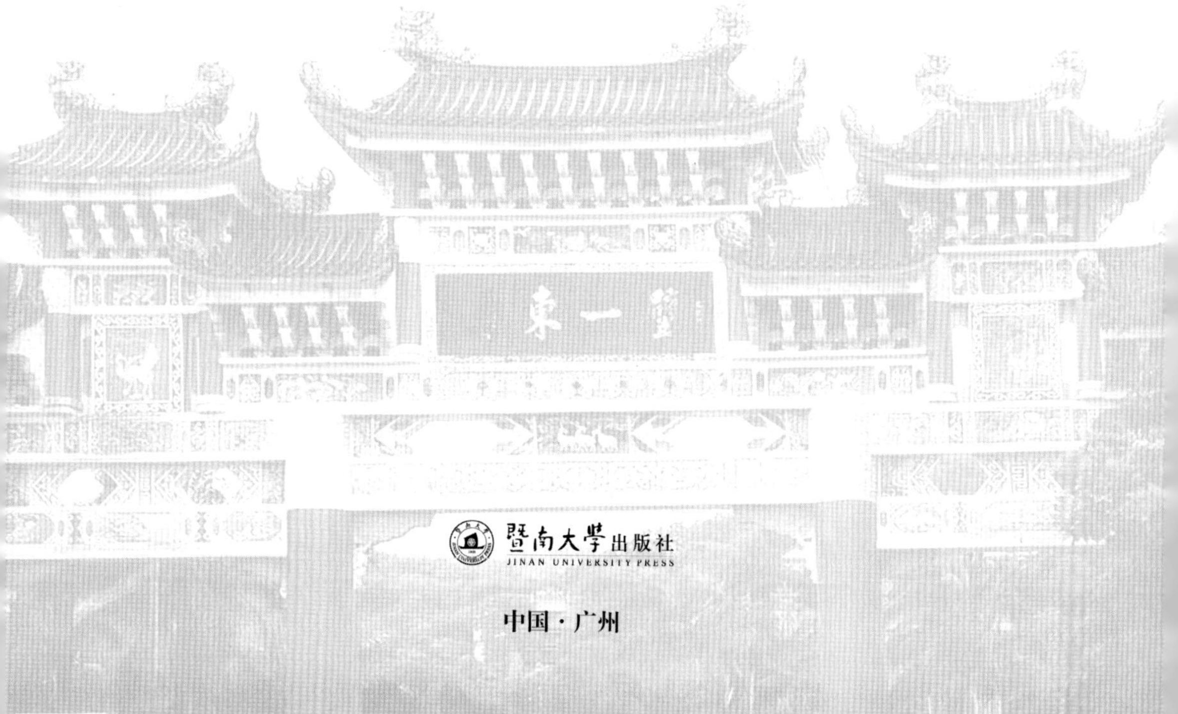

暨南大學出版社
JINAN UNIVERSITY PRESS

中国·广州

图书在版编目（CIP）数据

饶平石壁山风景区旅游总体规划／陈蔚辉主编．—广州：暨南大学出版社，2018.8
ISBN 978－7－5668－2404－2

Ⅰ.①饶…　Ⅱ.①陈…　Ⅲ.①风景区规划—研究—饶平县
Ⅳ.①TU984.181

中国版本图书馆 CIP 数据核字（2018）第 111913 号

**饶平石壁山风景区旅游总体规划**
RAOPING SHIBISHAN FENGJINGQU LUYOU ZONGTI GUIHUA
**主　编：陈蔚辉**

…………………………………………………………………………………………

出版人：徐义雄
策划编辑：潘雅琴
责任编辑：黄志波
责任校对：王燕丽
责任印制：汤慧君　周一丹

出版发行：暨南大学出版社（510630）
电　　话：总编室（8620）85221601
　　　　　营销部（8620）85225284　85228291　85228292（邮购）
传　　真：（8620）85221583（办公室）　85223774（营销部）
网　　址：http：//www.jnupress.com
排　　版：广州良弓广告有限公司
印　　刷：广州市穗彩印务有限公司
开　　本：787mm×960mm　1/16
印　　张：10.5
彩　　插：24
字　　数：188 千
版　　次：2018 年 8 月第 1 版
印　　次：2018 年 8 月第 1 次
定　　价：49.80 元

# 前　言

饶平石壁山位于潮州市饶平县县城黄冈镇北端1.5公里处，东经116°35′~117°00′，北纬23°28′~24°14′。山体植被茂密，古树成荫，南麓有明代古寺雷音寺、著名景点涑玉泉以及人才辈出的饶平二中。山上怪石嶙峋，石壁上有多处明清石刻，中国佛教协会会长赵朴初、汉学大师饶宗颐、著名书画家关山月、饶平籍著名剧作家郭启宏等当代名家也在石壁山上赠墨题字，使河山增辉。

清康熙翰林、饶平县令郭於藩作诗赞美道：“遥望雷音曲径通，良朋引我入云中。天然石壁烟笼黑，日照梵宫火正红……”早期的石壁山，只是作为当地民众到雷音寺朝拜和登山锻炼之所。1991年石壁山获批为市级风景名胜区后，成立了饶平县石壁山风景区管理处，并请中国城市规划设计研究院汕头规划设计部编制了《饶平县石壁山风景区总体规划》[简称《规划（1991）》]。从此，石壁山得到了较好的开发和保护，成为饶平县主要旅游景区之一。

然而，随着饶平经济社会的发展，石壁山风景区的发展出现了瓶颈，《规划（1991）》亟待修编。2008年10月，韩山师范学院旅游管理系（2014年更名为旅游管理与烹饪学院）、韩山师范学院规划设计研究所接到饶平县人民政府的委托后，赓即成立了规划编制工作组，迅速深入现场踏勘，收集有关资料，广泛征集政府、风景区居民以及民间各方意见，对风景区的现状条件、开发前景、管理体制等方面进行综合分析和系统研究，形成初步方案后，多次向饶平县人民政府、石壁山风景区管理处及有关单位领导征求意见，对规划方案进行补充、修改和完善，于2009年9月完成规划成果：《饶平县石壁山风景区旅游总体规划（2009—2025）》[简称《规划（2009—2025）》]，经专家评审会通过后报政府批准实施。《规划（2009—2025）》实施五年来，风景区发生了可喜的变化。为进一步配合地方政府“十三五”规划，更好地发挥风景区的旅游功能，应石壁山风景区管理处的要求，2014 年我们又对《规划（2009—2025）》做了适当调整，略微扩大核心保护区范围，完善了文化与综合服务区、茶艺休闲区和野营训练区的功能，并增设了地下停车场，最终形成《饶平县石壁山风景区旅游总体规划调整（2016—2030）》［简称《规划（2016—2030）》］。

本规划共有 13 章，彩图 23 幅。在充分调查和大量数据分析的基础上，科学地提出风景区发展目标和市场定位，划分出核心保护区、文化与综合服务区、游乐度假区和森林探险区四个功能区，确定了粤首街、名人纪念馆、民俗植物园、茶艺休闲区和野营训练区等重点开发项目，提出了近期以“绿色海产土产，汇聚饶平石壁山”打造休闲生态的旅游形象，中远期以“神秘宝藏”为突破口，实施“闽粤主题拓展旅游基地”的旅游促销策略。规划得到评审专家和有关领导的高度肯定。

规划编制期间，得到饶平县各级政府和有关部门领导的大力支持与帮助，石壁山风景区管理处余良荣、吴爱顺、钟林生、郑国茂、陈素枝、余莹莹等领导参与了现场勘查和规划方案的讨论；规划修编及调整完成后，饶平县人民政府及时组织了两场专家评审会和政府审批会；汕头大学陈延教授、张尔贤教授，嘉应学院罗迎新教授、廖富林教授，潮州中旅集团董事长兼潮州市旅游行业协会会长郑正佳先生，国家高级导游林哲先生，国家一级茶艺师林宇南先生等参与了规划的评审；许多单位和社会贤达提供了文字与图片资料，在此一并致以谢意！

由于编者水平所限，规划中不当与错漏之处在所难免，敬请批评指正。

编著者<br>2016 年冬

# 目 录

# 1 绪 论

## 1.1 规划依据

### 1.1.1 国家标准

《旅游规划通则（GB/T 18971—2003）》《旅游资源分类、调查与评价（GB/T 18972—2003）》《旅游区（点）质量等级的划分与评定（GB/T 17775—2003）》《风景名胜区规划规范（GB 50298—1999）》《历史文化名城保护规划规范（GB 50357—2005）》等。

### 1.1.2 文件法规

《中华人民共和国城乡规划法（2008）》《旅游发展规划管理办法（2000）》《中华人民共和国环境保护法（1989）》《旅游安全管理暂行办法实施细则（1994）》《国务院关于加快发展旅游业的意见（2009）》《国务院关于促进旅游业改革发展的若干意见（2014）》《国民旅游休闲纲要（2013—2020）》《广东省滨海旅游发展规划（2011—2020）》《粤东区域旅游发展规划（2011—2020）》《潮州市旅游发展总体规划（2005—2025）》《潮州市城镇体系规划（2003—2020）》《潮州港经济区总体规划（2011—2030）》《饶平县城总体规划（2003）》《饶平县土地利用总体规划（2010—2020）》《饶平县旅游发展总体规划（2015—2030）》《饶平县石壁山风景区旅游总体规划（2009—2025）》等。

## 1.2 规划范围

### 1.2.1 石壁山风景区范围界定

根据饶平县人民政府及石壁山风景区管理处所提供的范围建议，本次规划确定石壁山风景区的范围为：东至岭头棚、水吼水库一带，西至冬瓜山和山门农场，南至拥军路尾卫管所与殡管所交界，北至登天岭。总面积约7.5平方公里。

### 1.2.2 石壁山风景区总体规划区范围

依据石壁山现状景观资源分布、现实开发条件、市场需求、风景区管理及风景区管理处现状、行政管理区域等因素，结合《饶平县城总体规划(2003)》的要求，综合拟定石壁山风景区总体规划区范围（以下简称风景区范围）为：东至霞西林场，西至冬瓜山西缘，南至拥军路尾卫管所与殡管所交界，北至大岭山头。风景区面积约3.2平方公里，涵盖了牌坊“粤东一壁”、丽泽湖、雷音寺、涑玉泉、纳海楼等景观。本次规划调整工作即在该范围内进行，尤其是在《饶平县石壁山风景区旅游总体规划(2009—2025)》的基础上，着重对风景区东部进行规划。

## 1.3 规划定位

石壁山风景区是一处集人文历史、宗教文化、自然景观为一体的园林风景区，是黄冈及周边城市居民观光游览、休闲娱乐、锻炼健身的城郊景区，它与空间距离十分接近的饶平中山公园等景点相互衬托，共同构成闽粤交界区域重要的园林风景区。该风景区不仅是饶平县城黄冈的后花园，更是闽粤旅游的驿站。

综合分析风景区所处地理位置、自然条件、景观资源特点、开发目标、腹地经济社会发展现状、客源市场等多方面因素，确定风景区的定位为：以饶平特色文化为灵魂，以石壁山的自然景观为载体，把石壁山风景区规划建设成为集观光、特色商品购物、体验为一体的风景名胜区。

风景区规划最终目标为：通过进一步挖掘风景区本身的特色资源（历史文化价值和观光游览价值），改造风景区森林植被，完善风景区基础设施和服务设施，开发建设一批高品位的旅游休闲和体验项目，力争到2030年把石壁山风景区打造成国家AAAA级风景区。

## 1.4 指导思想

为使风景区的开发与经济社会发展和环境保护密切结合，获取最大的效益，本规划的指导思想如下：

### 1.4.1 遵循可持续发展观念

旅游资源和旅游环境是旅游活动形成的主体，是旅游业得以持续发展的基础，因此，要以可持续发展观作为风景区旅游开发管理工作的准则，强化生态旅游、绿色旅游，处理好旅游活动近期效益与远期效益、公平与效率的关系，强调生态环境保护的重要性和迫切性。在开发时，要坚持“严格保护、统一规划、合理开发、综合管理、持续发展”的工作方针。

### 1.4.2 践行社会和谐理念

和谐的社会环境是旅游经济有序发展的有力保障，必须正确处理旅游者、投资商、旅游目的地居民三者之间的关系，通过规划建设，使风景区更具魅力，吸引八方游客前来风景区游览、消费；同时，通过采取科学的措施和手段对游客数量、游览行为进行动态调控，使其与当地经济、社会、环境以及当地居民的心理容量相适应。引导投资商高瞻远瞩，在追求自身经济效益的同时，更好地兼顾当地居民的利益。而当地居民除了要提升自身素质外，还应该树立主人翁意识，积极参与并监督风景区的开发建设，共同营造、保护风景区生态和运营环境。

### 1.4.3 坚持旅游扶贫思路

饶平县是广东省贫困山区县，因此在旅游开发中应以“把发展山区旅游业作为山区脱贫致富新路子”为根本思路，潮州市人民政府和饶平县人民政府应在资金和政策上加大对风景区及相关行业、项目的扶持力度，强化市场共享和技术扶持等措施，通过科学管理、增强投资商对风景区旅游资源开发的信心，来全面带动旅游休闲及相关产业发展，创造更多就业岗位，从而以点带面，更好地加快饶平县的脱贫步伐，促进当地经济社会持续、快速、健康发展。

## 1.5 规划原则

### 1.5.1 保护与开发相统一原则

风景区的保护与开发利用应同步进行，一方面要有效保护和利用好风景区内既有的宗教文化胜迹、人文历史及自然景观资源；另一方面可在保护风景区自然环境和生态林木资源的基础上，逐步改造风景区林相，扩大风景区绿化面积，使风景区尽快恢复原有亚热带常绿阔叶林的森林植被，使风景区植被更具特色和观赏性。更重要的是要根据市场需求，适时开发出深受游客喜爱的风景区旅游、休闲体验项目，提升风景区创收能力，把资源激活，将“蛋糕”做大。

### 1.5.2 环境协调原则

风景区开发不仅要与周围自然环境相协调，更要注重与人文环境的协调。就本规划而言，风景区开发应以不影响饶平二中的正常教学、风景区内及周边居民的安居乐业为前提。在风景区开发建设中尤其要考虑饶平二中的育人环境，努力营造与学校相近的主流文化，使其对学校的教学工作起到积极的促进作用；同时，通过风景区建设，改善风景区内及周边居民的就业及生产生活条件，进一步弘扬饶平人民锐意进取、开拓创新、追求美好生活的优良传统。

### 1.5.3 突出特色原则

富有特色是旅游地对旅游者产生持续吸引力的保证，旅游开发必须通过深度挖掘风景区资源的旅游文化，科学整合并配套建设，进一步强化风景区的地域特色，增强风景区的旅游吸引力。

### 1.5.4 三效益统一原则

旅游景区开发应遵循经济效益、社会效益、环境效益相统一的原则，不能只顾经济利益。只有在经济、社会、环境三方面都获益的情况下，才能保证旅游资源的可持续开发，保证旅游地经济健康、稳定发展。在实施风景区开发战略、实现经济效益的同时，更应突出生态与文化功能，使之成为饶平县城人民锻炼健身、休闲娱乐的好去处，成为饶平二中莘莘学子学习的后花园；同时，通过建设，使之成为周边城市居民观光游览、休闲度假、娱乐购物的优选目的地之一。

### 1.5.5 区域协同发展原则

着眼于区域总体形象的塑造和营销，把风景区开发建设与县城其他各项建设有机结合起来，努力实现区域内优势资源的优化配置，营造有利于旅游业发展的社会经济环境。

### 1.5.6 统一规划、分期开发原则

坚持风景区发展“一盘棋”原则，风景区开发应在统一的规划下循序渐进，分期、分重点开发，逐步完善并最终完成风景区规划目标。严禁未经风景区管理部门同意，以任何名目占地乱搭建的行为。

## 1.6 规划分期

本规划的规划期限为2016—2030年（15年），分三期实施，分别为：①近期：2016—2020年；②中期：2021—2025年；③远期：2026—2030年。

# 2　风景区总体规划背景

## 2.1 区位条件

### 2.1.1 地理区位

饶平县位于广东省最东端，与福建省交界，是粤东地区的东大门，北回归线在县境南部穿过。饶平县东部和东北部与福建省诏安县、平和县毗邻，北部与梅州市大埔县接壤，西部和西南部与潮州市潮安区、汕头市澄海区交界，南临南海，与南澳岛隔海相望。县境南北长 95 公里，东西宽 31 公里，县域总面积 2 227 平方公里，其中陆地面积 1 694 平方公里，海域面积 533 平方公里，是潮汕地区面积最大的县域之一。

黄冈镇是饶平县城所在地，居于汕头、厦门两个经济特区之间，东与福建省诏安县接壤，西邻钱东镇，南连潮州港区，北至联饶镇。全镇总面积 84.3 平方公里，耕地面积 28 446 亩，山地面积 20 616 亩。

石壁山风景区位于黄冈镇城北 1.5 公里处，东经 116°35′~117°00′，北纬 23°28′~24°14′。

### 2.1.2 交通区位

饶平县位于闽南金三角（厦门、漳州、泉州）与粤东金三角（汕头、潮州、揭阳）的汇合点，是闽粤交通的交汇处，也是广东沟通沪、浙、闽经济大动脉的“黄金通道”，又是闽粤旅游的交接点，素有“粤东黄金海岸”“海上桃源”“闽粤驿站”“岭南佳胜地，瀛海古蓬莱”之美誉。县域内的立体交通网便捷顺畅，有汕漳高速公路直通全国高速公路网，距广梅汕公路仅 40 公里，至揭阳潮汕机场约 70 公里，县域内由 324 国道、省道、县道、乡道组成的公路网四通八达。素有“粤东黄金海岸”之称的柘林湾，是国家对外开放一类口岸，有“未有汕头埠，先有柘林港”之称。该湾内已建成的三百门港口距台湾高雄 186 海里，至香港 192 海里，货轮可直航国内外各大港口。海运从柘林港可达广州、汕头、上海、香港等地。

石壁山风景区可进入性强，有南北向两条公路从风景区内通过：一条从顶宫路绕牌坊，经风景区中部通往联饶东南一带（简称“中线道路”），现为四级公路；另一条从上林村绕冬瓜山北上至鸡央埔方向（简称“西线道路”)，现为乡道土路。

### 2.1.3 文化区位

饶平区域文化是潮汕文化的重要组成部分，在语言文字、神话传说、音乐舞蹈、文学艺术、婚姻、丧葬、生育、节日、饮食、服饰、待客、礼节、文娱活动以及居民的心理素质等方面与整个潮汕区域大致相同，但又保留着自己独特的个性特点。除具有讲潮汕方言（有少数讲客家方言）、听潮剧及唱潮乐、一般的潮汕民俗、潮汕工业和潮汕建筑等潮汕地区的共性特征外，也有饶平土楼以及饶平布马舞等独具饶平地方特色文化之处。

## 2.2 自然环境条件

### 2.2.1 地质地貌

饶平县位于潮汕平原边缘，是广东山区县之一，其地形依山傍海，地势北高南低，有岛屿 13 个，其中海山岛最大，面积 46.9 平方公里；有海拔超 1 000 米的山峰 7 座，其中西岩山最高，海拔 1 256 米。

石壁山海拔不高（仅 174 米），但由于紧邻南海，视野开阔，位于山顶的纳海楼，可远观南海，近赏黄冈城全貌。风景区内为丘陵地貌，山脉蜿蜒，起伏不断，切割深度较小，沿山缘有小冲沟发育。

略有起伏的丘陵地貌，为开展各类旅游活动提供了较好的基础条件，既适合徒步、登山、观景等休闲健身活动，又可以开展野营、户外拓展等旅游探险活动。

### 2.2.2 水文

饶平海岸线长 136 公里，有柘林、高沙、大埕三个较大的海湾，其中柘林湾最大，面积 68 平方公里，内有三百门海港。

境内的河流主要为黄冈河，是独立水系，河长 87.2 公里，由北向南贯穿县境中心，在黄冈镇注入南海。

海湾、海岸、海港、河流等水文景观为风景区提供了良好的水环境和可观赏、可拓展的旅游氛围及旅游远景。

### 2.2.3 气候

石壁山风景区属于副热带海洋性季风气候，气候温和，年平均气温21.4℃；雨量充沛，多集中在4—9月份，年降雨量1 475.9毫米；年平均相对湿度为78%，年平均日照时间为248小时，日照率为49%，农作物一年三熟。

冬无严寒、夏无酷暑的理想旅游气候，为风景区开展旅游活动提供了保证和便利，尤其适宜开展休闲、度假、观光、户外等多种旅游项目。

### 2.2.4 生物

石壁山风景区内植被生长良好，乔木以台湾相思树、桉树、朴树、潺槁树、土蜜树、马尾松等为主，但多为人工林，大多数处于中龄阶段。灌木以桃金娘、豺皮樟、算盘子等为主，草本植物以鸭嘴草、芒萁等为主。石壁山风景区内树木茂密，吸引了不少鸟类栖息于内。

相对丰富的动植物资源也为风景区开展相关科考、探险旅游和生态休闲旅游提供了优越的资源条件。

## 2.3 社会经济条件

### 2.3.1 社会条件

饶平是潮汕地区著名侨乡之一，现有侨胞（包括海外华侨华人、港澳台同胞）近40万人。改革开放以后，众多侨胞在家乡投资兴办企业、医疗卫生机构、学校、自来水厂，投身于修桥造路等福利事业，有力地促进了家乡的建设。

近年来，饶平县科技、文化、教育、卫生、体育等各项事业同步发展。目前，全县共有较高等级学校70所，其中省一级学校7所、省级重点职业技术学校1所、市一级学校21所、县一级学校36所、省级成人文化技术示范学校5所。另有广播电视大学、教师进修学校、青少年宫各1所。全县设置医疗卫生机构33个，在职卫生人员2 014人。

在集中力量加快经济发展的同时，饶平县还深入开展“爱国、守法、诚信、知礼”的公民教育活动，公民思想道德建设得以加强，文明村镇、文明社区和文明行业创建活动取得了新的成效。

饶平地方民俗文化丰富多彩，其中尤以饶平布马舞驰名中外。全县积极开展地方文化活动，道街、广场文化遍布全县每一个角落。

### 2.3.2 经济条件

1. 概况

饶平县经济和社会各项事业正在快速发展，2013 年全县完成国内生产总值 190.26 亿元，增长 11.2%；国地税收总收入 18.34 亿元，增长 13.4%；县级公共财政预算收入 5.71 亿元，增长 17.28%；固定资产投资总额 43.03 亿元，增长 29.2%；社会消费品零售总额 75.61 亿元，增长 12%；农村居民人均纯收入 8 859 元，增长 12.5%。

2. 产业分布

饶平县主要工业产品有陶瓷、花岗石板材、粮食机械、增氧泵、蓄电池、机制糖、水族机电、液化石油气、玻璃、日用电器、香精制品、丝织品、鞋类、毛衫、抽纱、渔网等，以及罐头、凉果、烤鳗等食品。农业产品主要有鳗鱼、石斑鱼、鲍鱼、对虾、牡蛎、海蟹、花蛤、蜜柑，以及岭头单丛、大叶奇兰、铁观音、黄金桂等名茶。目前，全县拥有茶叶基地面积 6.6 万亩、水果基地面积 11.8 万亩、蔬菜基地面积 10 万亩、水产养殖面积 13.56 万亩，全县茶叶、水果、蔬菜、畜牧、水产五大基地规模不断扩大，效益不断提高。

黄冈镇是饶平县第一大镇和重要侨乡，是广东省乡镇企业百强镇之一。全镇目前已形成以农业为基础、工业为主体、外向型产业为重点的经济格局。全镇共有工业企业 897 家，其中规模以上企业 25 家，拥有企业集团 4 家。主要产品有机电、电子、塑胶、皮革、毛织、服装、木雕、化工香精、食品罐头、五金家电、印刷包装、工艺饰品、运动器材等 20 大门类 5 000 多个花色品种，其中增氧泵在全国同类产品市场中占有一定比例。农业生产已形成粮食、水产、水果、蔬菜、禽畜五大生产基地。水产资源尤为丰富，对虾、鳗鱼、大沃泥蚶、叠石赤蟹等享誉海内外。

3. 消费水平

潮州市城乡居民收入稳步增长。2013 年市区居民人均可支配收入 19 674元，增长 11.5%，农民人均纯收入 9 938 元，增长 11.8%。群众消费结构发生可喜变化。2013 年，全市社会消费品零售总额 354 亿元，比上年增长 11.6%。其中，乡村消费品零售额 90.7 亿元，增长 9.1%。汽车、通信器材、商品房等大宗商品的消费持续增长。

饶平县作为潮州市的山区县，近年来提出建设“粤东大门、苏区大港、美丽乡村、幸福家园”的目标，县域经济稳步增长，发展环境加速优化，社会各项事业持续进步，人民的消费水平也在迅速提升。

# 3　风景区发展现状分析

# 3.1 风景区旅游发展背景

## 3.1.1 饶平县旅游发展概况

1. 旅游区位

饶平县位于潮汕旅游区，是潮汕风情的代表地之一。县域拥有丰富的历史文化遗产和独特的潮汕文化，加上迷人的滨海风情、南国田园风光，成为国内外游客出游的好去处。其中最有特色的是海上资源，包括鹭鸟天堂、海上牧场、海上温泉等，几者组合构成了完整的海上旅游环境，不同于一般的海滨风情。

2. 旅游资源

饶平因“饶永不瘠，平永不乱”而得名。县域有山地、丘陵、平原、海洋等多样的环境，有丰腴的大地、良好的水土、清洁的环境、丰富且质地优良的物产。蔬菜、瓜果、水产、畜产多为无公害的健康、环保食品，单丛名茶、日用陶瓷、三饶香米及各色风味小吃等远近闻名，屡获嘉奖，形成特色显著的旅游商品。

饶平县依山傍海，日照充足，雨量充沛，自然环境古朴而纯净，山、川、湖、海等自然环境兼备，山清、水秀、石奇，风光旖旎，胜景奇观繁多，旅游资源丰富、独特。无与伦比的海上温泉、多姿多彩的“海上牧场”、驰名中外的示范兰园等形成了独特的滨海旅游区、休闲旅游区、生态旅游区。

饶平县历史文化源远流长，民风淳朴，民俗风情浓郁。这里曾是明清海防军事重地，有着许多悲壮和可歌可泣的英雄事迹，是丁未潮州黄冈起义的发起地。县内各地散布着大量令人向往的各种文化遗存、文物胜迹，如古城、古塔、古寺、古楼、古寨等，以精湛的古建筑技艺向人们诉说着这里曾经的辉煌与沧桑。全县现有文物古迹、自然景观 200 处，其中列为国、省、县级文物保护单位 54 处（其中三饶“道韵楼”列入国家重点文物保护单位；柘林“镇风塔”、黄冈“丁未革命纪念亭”等 8 处文物列入省级保护单位；饶平布马舞和三饶“采青艺术”列入省级非物质文化遗产保护名录），自然保护区 4 处，主要景区、景点 6 处，其中获得国家级命名的4处。

独特的地理位置、优越的自然条件、淳厚的人文创造，为饶平旅游业创造了良好的发展环境，经过近年来大规模的重点旅游景区建设和旅游基础配套设施建设，饶平县已成为粤东闽南旅游协作区上一个集历史文化观光、休闲度假、风土人情体验、商贸购物和科普生态教育于一体的、风貌自然古朴的海滨旅游胜地。

2010年，饶平县被中共中央党史研究室确认为“中央苏区县”。此外，饶平县还拥有众多优质旅游名片，如“广东省旅游特色县”“中国布马舞之乡”“中国垂钓休闲基地”“中国日用陶瓷出口之乡”“中国岭头单丛茶之乡”“中国盐焗鸡之乡”“中国水族器材产业基地”“国家海域管理示范区”“中国绿色能源县”等。

3. 旅游设施

饶平县内旅游景区（景点）正在加紧建设中，现已将全县分成4个旅游区分别进行开发和建设：

（1）北部历史文化生态旅游区。包括三饶古城（含客家围屋、名寺古塔）、西岩峰、潮州万亩名茶示范基地、汤溪水库、胜利水库、韩江林场等旅游景区（景点）。

（2）中部农业观光休闲区。包括万山红果园（含榕洽果庄）、光明农场、青岚风景区、南国生态度假区、绿岛山庄、百公里果林等景区（景点）。

（3）南部滨海旅游区。包括海山中华海龙、鹭鸟天堂、海上牧场、七夕井（海上温泉）、海滨度假区（3个）、兰花名苑（云峰山庄）、大埕所城、名寺古塔（7个）等旅游景区（景点）。

（4）黄冈中心服务区。包括黄冈河观光休闲区、石壁山风景区、虎头山风景区、苏区文化公园、霞东文化体育公园等。

本规划项目——石壁山风景区，位于黄冈中心服务区，以其特殊的区位和环境优势，已成为饶平旅游的后花园。

而作为饶平县行政中心的黄冈镇，正努力发展成为饶平旅游中心服务区，石壁山风景区便是其中一个急需发展的项目。

### 3.1.2 石壁山风景区概况

石壁山风景区内明代古树名木、台湾相思树等林木郁郁苍苍，既有古寺雷音寺，又有自然景点涑玉泉、丽泽湖，还有近代建筑物“粤东一壁”

（赵朴初题）牌坊、纳海楼、飞虹桥等。山腰上灵气呈祥，闻名的饶平二中就坐落在石壁山南麓，每天可闻琅琅的读书声。中国佛教协会会长赵朴初、著名书画家关山月、汉学大师饶宗颐、饶平籍剧作家郭启宏等多位名家为石壁山风景区赠墨题字，使河山增辉，名贯粤东。

雷音寺位于栖云山南麓，明嘉靖二十八年（1549），黄冈步上村余散人在栖云山长神洞旁建造一座石亭，亭内有人驻守，以看护亭前墓葬（该古墓曰卧牛听金钟），时常向长神洞山神焚香点烛，祈求平安。后来逐渐演变成雷音古寺。清朝乾隆年间，江西省景德镇发生窑变，出现了十八尊罗汉。每尊罗汉背后都有“潮州雷音古寺”字样。县官奏报朝廷，皇上下旨来潮州寻找雷音古寺，潮州知府忙通知各县寻觅，后来才在黄冈栖云山长神洞旁找到这个雷音古寺。因该寺供奉的十八罗汉与窑像酷似，而这个雷音古寺以上神洞巨石为后壁，故后人又称雷音古寺为石壁庵，原来的栖云山，也叫成石壁山。

涑玉泉位于石壁山山谷处，周围古树成荫，一巍峨巨石覆盖数石，形成一个石洞。洞口高 1 米，宽 1.7 米，向纵横各 5 米。洞床有一大石，依山势趋前倾斜，两侧各有一道弯弯曲曲的小石沟从底端伸出，四时冒出清泉，于洞口汇合流出洞外，如卧龙吐水。明嘉靖三年（1524）余翁在巨石上镌刻“涑玉泉”三个大字；清乾隆十七年（1752）许志良题《玉泉留题》诗二首；清同治六年（1867）凤冈督军使者张殿雄题五律诗一首，均赞美涑玉泉。

纳海楼在石壁山之巅，占地面积 500 平方米。登楼可俯瞰黄冈全貌，海天一色的南海，取时代之哲理，像大海一样接纳百川乃显大，纳得下大海的宽阔胸怀，故名。纳海楼建成于 1991 年 9 月，为钢筋混凝土结构，双层 6 柱，建筑博采传统古建筑的加工工艺，屋顶翘角飞檐，金黄色琉璃碧瓦，四周回廊，护以红漆栏杆，楼上、楼下雕梁画栋，雕刻上一幅幅神话作品、古装戏屏、奇花异草。纳海楼牌匾由著名画家、书法家关山月题写。

此外，石壁山风景区内还有众多景点，如富有传说色彩的仙人脚印、石眼床和仙人洞；山上奇石随处可见，有龟叠鳖、卧牛听金钟等景点；有观音阁、一心亭、慈悲亭等亭台楼阁；还有雄伟的革命烈士纪念碑耸立在群山之前，面向黄冈城。

诸多自然和历史人文旅游资源，吸引了无数海内外游客前来石壁山风景区游览。

## 3.2 风景区旅游发展历程

### 3.2.1 20世纪90年代以前

石壁山风景区在未进行正式开发之前，风景区内只有未经修葺的雷音寺，以及一些原始的自然景观，基本上没有任何旅游基础设施。只是作为饶平当地居民一个可随时进入的游玩之地，其主要目的是到雷音寺朝拜和登山锻炼。

### 3.2.2 20世纪90年代以后

石壁山风景区从1991年开始正式成立并开发，饶平县人民政府于1991年邀请中国城市规划设计研究院汕头规划设计部编制了《饶平县石壁山风景区总体规划》，标志着风景区进入了规划、建设、管理时代。

在进行规划并投资后，饶平县石壁山风景区得到了较好的开发和保护，在山顶上兴建了纳海楼，对雷音寺进行了修缮和扩建，修建了上山的游道，在风景区入口处修建了山门牌坊（“粤东一璧”），并配套了相应的旅游接待和服务设施。开发建设以来，吸引了众多的游客，成为饶平县主要旅游景区之一。

## 3.3 风景区旅游发展现状

### 3.3.1 环境现状

石壁山风景区目前依然林木郁郁苍苍，整体植被保持完好，明代的古树名木尤在。雷音寺扩建后，香火更旺。坐落在石壁山南麓的饶平二中宁静宜人，为饶平县培养了许多优秀的学子。二中对面，新建了人民英雄纪念碑。

但由于自然环境的变化以及风景区和周边对地下水的开采，著名自然景点涑玉泉近几年来泉眼已经枯竭。此外，纳海楼、“粤东一壁”牌坊、慈悲亭、延景亭、飞虹桥等建筑和旅游接待设施已受到不同程度的损坏。风景区内管理秩序混乱，垃圾随处可见，脏乱差现象严重。

### 3.3.2 旅游接待现状

据不完全统计，石壁山风景区目前年接待游客量约50万人次，一般多集中于节假日。前些年，风景区实行收费，门票为2元，但风景区早上八点半前和下午五点后市民可免费进入，一般对前来拜佛的群众不收费，而这些人占据了进入风景区群众的大多数，因此风景区真正缴费的游客不到10万人次。

2012年，考虑到风景区的特殊性，且进入风景区的主要是本地锻炼和礼佛民众，因此取消了门票收费。

## 3.4 风景区发展中存在的主要问题

### 3.4.1 风景区开发投入不足，配套设施建设不完善

饶平县属山区贫困县，区域经济发展水平较低，很难靠自身积累、筹集资金投入相应的旅游开发建设，对石壁山风景区的建设投入能力非常有限，远不能满足石壁山风景区全面开发的资金需要。

由于资金投入严重不足，自20世纪90年代以来，石壁山风景区的后期开发并没有得到很好的落实，相应的旅游配套设施也一直没有完善，风景区内甚至缺乏供游人休憩的简单建筑（如凳子、凉亭等），没有系统、醒目的风景区标识，无法为游客提供清晰的游览路线和方向；风景区绝大多数建筑仍维持20世纪90年代修建的原貌，许多建筑物已经遭受严重破坏，急需大规模翻新。

### 3.4.2 管理不善，缺乏有效的管理机制和专业人员

石壁山风景区的直接管理单位是“石壁山风景区管理处”，但管理处对风景区内的雷音寺、墓地、林木等并没有实际的管辖权，整个风景区的管理权限并不清晰。加之建设资金不到位，整个风景区的管理混乱，尤其

是环境管理方面，问题严重。

此外，为吸引更多游客、增加风景区收入、提高风景区利用率，山权单位将风景区内涑玉泉周边地段承包出租给私人经营茶座和特色餐饮。但风景区内的多家茶座和餐饮经营不仅规模较小、设施简陋，卫生条件也很差，经营项目和内容高度雷同（基本上是清一色的工夫茶座加土窑鸡），导致了严重的恶性竞争，同时又破坏了整个风景区的景观和环境。

### 3.4.3 景点建设规模小、缺乏个性，吸引力不足

石壁山风景区旅游资源类型比较丰富，涵盖山、石、寺、泉、湖等类型，但由于开发投入资金严重不足，许多景点处于“原生态”，景点规模小，旅游产品缺乏个性，旅游吸引力不足。

近几年来，随着饶平县旅游业的发展，县城周边新旅游景区如绿岛山庄、南国生态度假村等的开发，使得石壁山风景区陷入更尴尬的境况。同样是休闲观光产品，与绿岛山庄、南国冰臼公园、滨海度假区等风景区相比较，石壁山风景区已明显缺乏竞争优势。

因此，如何进行统一规划、强化资源整合，重新进行市场定位，发掘石壁山风景区的相对优势，加大风景区建设的投资力度，对于石壁山风景区来说便显得十分必要和紧迫。

# 4 风景区旅游资源调查与评价

旅游资源是风景区借以吸引旅游者的最重要因素，是旅游业赖以发展的物质基础。石壁山风光独特，山色秀丽，不仅有丰富的自然旅游资源，还有众多历史悠久的人文景观资源。对这些旅游资源和潜在旅游资源进行调查，识别旅游资源的类型，了解旅游资源的空间分布、规模及组合、开发利用情况，找出旅游资源的特色，确定旅游资源的质量水平、价值功能，进而对旅游资源作出合理的评价，是旅游资源开发、旅游功能分区、旅游产品设计、旅游环境保护等具体规划的科学依据。

## 4.1 风景区旅游资源类型与特征

### 4.1.1 风景区旅游资源类型分析

旅游资源的分类及构成要素是评价的基础工作之一。根据国家质量监督检验检疫总局于2003年2月24日发布并于5月1日正式实施的《旅游资源分类、调查与评价（GB/T 18972—2003)》所列出的旅游资源分类标准，旅游资源分为主类（8类)、亚类（31类）和基本类型（155类）三个结构层次，其中主类包括地文景观、水域风光、生物景观、天象与气候景观、遗址遗迹、建筑与设施、旅游商品、人文活动八个方面。

为保证旅游资源分类和评价的方便以及科学性，我们对石壁山风景区旅游资源的分类严格按照国家质量监督检验检疫总局发布的《旅游资源分类、调查与评价（GB/T 18972—2003)》的标准，根据整合性、相互独立性、实效性等分类原则，依据旅游资源的性状，即其现存状态、形态、特性、特征等因素对风景区的旅游资源进行具体划分。

通过课题组对石壁山风景区旅游资源的实地考察，结合风景区提供的各种材料，依据国家标准，可将石壁山风景区的旅游资源分为7个主类、15个亚类、26个基本类型，详见表4-1和表4-2。

表 4－1 石壁山风景区旅游资源分类系统表

<table>
<tr><th>主类</th><th>亚类</th><th>基本类型</th><th>代表性旅游资源</th></tr>
<tr><td rowspan="4">A<br>地文景观</td><td>AA 综合自然旅游地</td><td>AAA 山岳型旅游地</td><td>石壁山、钟厝山、百奄山、叶厝山、冬瓜山等</td></tr>
<tr><td rowspan="3">AC 地质地貌过程形迹</td><td>ACE 奇特与象形山石</td><td>龟叠石、仙脚印、石眠床、卧牛听金钟等</td></tr>
<tr><td>ACF 岩壁与岩缝</td><td>石壁山岩壁</td></tr>
<tr><td>ACL 岩石洞与岩洞</td><td>仙人洞</td></tr>
<tr><td rowspan="2">B<br>水域风光</td><td>BB 天然湖泊与池沼</td><td>BBC 潭池</td><td>荷花池、放生池</td></tr>
<tr><td>BD 泉</td><td>BDA 冷泉</td><td>涑玉泉</td></tr>
<tr><td rowspan="3">C<br>生物景观</td><td rowspan="2">CA 树木</td><td>CAB 丛树</td><td>荔枝林</td></tr>
<tr><td>CAC 独树</td><td>古榕树</td></tr>
<tr><td>CC 花卉地</td><td>CCB 林间花卉地</td><td>石壁山林间花卉地</td></tr>
<tr><td>D<br>天象与<br>气候景观</td><td>DB 天气与气候现象</td><td>DBB 避暑气候地</td><td>石壁山避暑气候</td></tr>
<tr><td rowspan="4">F<br>建筑与<br>设施</td><td rowspan="3">FA 综合人文旅游地</td><td>FAA 教学科研实验场所</td><td>饶平二中</td></tr>
<tr><td>FAB 康体游乐休闲度假地</td><td>石壁山休闲茶座</td></tr>
<tr><td>FAC 宗教与祭祀活动场所</td><td>雷音寺、南海精舍、慈悲亭、静修庵、古岭寺等</td></tr>
<tr><td>FB 单体活动场馆</td><td>FBB 祭拜场馆</td><td>功德堂等</td></tr>
</table>

（续上表）

| 主类 | 亚类 | 基本类型 | 代表性旅游资源 |
|---|---|---|---|
| F<br>建筑与设施 | FC 景观建筑与附属型建筑 | FCA 佛塔 | 雷音寺佛塔 |
| | | FCC 楼阁 | 纳海楼、南海精舍、玉泉阁等 |
| | | FCG 摩崖字画 | 石壁山摩崖石刻 |
| | | FCH 碑碣（林） | 饶平革命烈士纪念碑 |
| | | FCK 建筑小品 | “粤东一壁”牌坊、延景亭、一心亭等 |
| | FE 归葬地 | FEB 墓（群） | 叶厝山公墓 |
| | FG 水工建筑 | FGA 水库观光游憩区段 | 丽泽湖等 |
| G<br>旅游商品 | GA 地方旅游商品 | GAA 菜品饮食 | 土窑鸡等 |
| | | GAB 农林畜产品与制品 | 饶平香米、山枣糕、宝斗饼、鹿饼等 |
| H<br>人文活动 | HA 人事记录 | HAB 事件 | 潮州黄冈丁未革命等 |
| | HC 民间习俗 | HCA 地方风俗与民间礼仪 | 游神赛会等 |
| | | HCC 民间演艺 | 饶平布马舞 |

**表 4－2　石壁山风景区旅游资源类型数量统计表**

| 主类 | 全国基本类型标准数目 | 调查区基本类型数目 | 占全区基本类型比例（%） |
|---|---|---|---|
| 地文景观 | 37 | 4 | 15.38 |
| 水域风光 | 15 | 2 | 7.69 |
| 生物景观 | 11 | 3 | 11.54 |
| 天象与气候景观 | 8 | 1 | 3.85 |
| 建筑与设施 | 49 | 11 | 42.31 |

（续上表）

| 主类 | 全国基本类型标准数目 | 调查区基本类型数目 | 占全区基本类型比例（%） |
|---|---|---|---|
| 旅游商品 | 7 | 2 | 7.69 |
| 人文活动 | 16 | 3 | 11.54 |
| 合计 | 143 | 26 | 100 |

### 4.1.2 风景区旅游资源特征分析

根据前面对石壁山风景区旅游资源的分类和统计，石壁山风景区的旅游资源类型具有以下特点：

1. 旅游资源类型多样，但数量不多

石壁山风景区内的旅游资源有7大主类，占全国标准数目的87.5%；15个亚类，占全国标准数目的48.4%；26个基本类型，约占全国标准数目的16.8%。可见，石壁山风景区的旅游资源类型较多（旅游资源亚类约占全国标准数的一半），山、石、寺、泉、湖、楼、俗、文等均有涉及，但数量较少（基本类型仅占16%）。

2. 人文旅游资源相对较突出

从石壁山风景区旅游资源的类型结构看，自然旅游资源共有10个基本类型，人文旅游资源共有16个基本类型。从类型数量上看，人文旅游资源相对要多一些，虽然多数资源规模较小、级别不高；从质量上看，人文旅游资源也较突出，如纳海楼、雷音寺、“粤东一壁”牌坊等，资源景观特色明显、质量较高，已具备一定的知名度，构成了风景区旅游资源的特点和亮点。

3. 自然旅游资源以地文景观和生物景观为主

在石壁山风景区10个自然旅游资源的基本类型中，有7个是地文景观（4个）和生物景观（3个）。可见，在石壁山风景区中，自然旅游资源以地文景观和生物景观为主。石壁山风景区海拔不高，地形坡度较缓，却又起伏不断，山上多奇石岩壁，且植被覆盖良好。这种类型的地形，特别适宜开展各种野外赛跑、徒步旅行、野营、野炊、户外拓展等旅游活动。

4. 旅游资源组合良好

在石壁山风景区仅约3平方公里的范围内，拥有地文景观、水域风光、生物景观、天象与气候景观、建筑与设施、旅游商品、人文活动等各类旅游资源，自然与人文旅游资源相互辉映、相互渗透、融为一体，旅游资源组合良好。

## 4.2 旅游资源评价

根据国家质量监督检验检疫总局颁布的《旅游资源分类、调查与评价(GB/T 18972—2003)》中的旅游资源评价标准，旅游资源的评价总分为100分，包括资源要素价值（共85分，含观赏游憩使用价值30分，历史文化科学艺术价值25分，珍稀奇特程度15分，规模、丰度与概率10分，完整性5分)、资源影响力（共15分，含知名度和影响力10分，适游期或使用范围5分）和附加值（分正分和负分，主要是环境保护与环境安全）三个部分。

按照这一评价标准，对石壁山风景区的旅游资源进行评价。由于风景区内旅游资源数量较多，但都规模较小、级别较低，因此，我们将风景区所有的旅游资源单体按其类型归纳为4大集合型旅游资源，再对其进行评分，评分结果见表4－3。

**表4－3 石壁山风景区旅游资源评分表**

<table>
<tr><th rowspan="3">旅游资源名称</th><th colspan="8">评价要素及赋分</th><th rowspan="3">得分</th></tr>
<tr><th colspan="5">资源要素价值（85)</th><th colspan="2">资源影响力（15)</th><th rowspan="2">附加值</th></tr>
<tr><th>观赏游憩使用价值(30)</th><th>历史文化科学艺术价值(25)</th><th>珍稀奇特程度(15)</th><th>规模、丰度与概率(10)</th><th>完整性(5)</th><th>知名度和影响力(10)</th><th>适游期或使用范围(5)</th></tr>
<tr><td>以涑玉泉、奇石岩壁为主体的自然景观</td><td>12</td><td>10</td><td>6</td><td>5</td><td>3</td><td>3</td><td>4</td><td>3</td><td>46</td></tr>
</table>

（续上表）

| 旅游资源名称 | 评价要素及赋分 | | | | | | | | 得分 |
|---|---|---|---|---|---|---|---|---|---|
| | 资源要素价值（85） | | | | | 资源影响力（15） | | 附加值 | |
| | 观赏游憩使用价值（30） | 历史文化科学艺术价值（25） | 珍稀奇特程度（15） | 规模、丰度与概率（10） | 完整性（5） | 知名度和影响力（10） | 适游期或使用范围（5） | | |
| 以雷音寺为代表的宗教文化旅游资源 | 12 | 11 | 4 | 7 | 3 | 4 | 5 | 1 | 47 |
| 以纳海楼、牌坊为主体的历史文化资源 | 15 | 12 | 7 | 4 | 4 | 3 | 5 | 1 | 51 |
| 以丽泽湖、荔枝林为主体的生态休闲旅游资源 | 16 | 8 | 3 | 7 | 4 | 2 | 5 | 3 | 48 |
| 石壁山风景区 | 19 | 12 | 8 | 7 | 4 | 4 | 5 | 2 | 61 |

按照《旅游资源分类、调查与评价（GB/T 18972—2003）》的等级划分标准，可得到石壁山风景区旅游资源的等级评价（见表4－4）。

**表4－4 石壁山风景区旅游资源等级评价表**

| 级别 | 旅游资源（集合型） | 备注 |
|---|---|---|
| 三级 | 石壁山风景区 | 优良级旅游资源 |

（续上表）

| 级别 | 旅游资源（集合型） | 备注 |
|---|---|---|
| 二级 | 以涑玉泉、奇石岩壁为主体的自然景观；以雷音寺为代表的宗教文化旅游资源；以纳海楼、牌坊为主体的历史文化资源；以丽泽湖、荔枝林为主体的生态休闲旅游资源 | 普通级旅游资源 |

## 4.3 区域旅游资源比较分析

### 4.3.1 区域旅游资源比较分析

为更准确地把握石壁山风景区旅游资源的特点及其优劣势，我们把风景区与其周边其他主要旅游景区进行了对比（具体见表4－5）。

**表4－5 石壁山风景区旅游资源区域比较一览表**

| 项目 | 风景区 | | | |
|---|---|---|---|---|
| | 石壁山风景区 | 绿岛山庄 | 南国生态度假村 | 云峰山庄 |
| 自然资源特色 | 气候温和，山势起伏，象形山石多样，林地茂密 | 山川湖泊，果园林地 | 石、林、湖泊，立体地貌，冰臼遗迹 | 气候温和，有四时甘泉，兰蕙之国，香花如海 |
| 人文资源特色 | 宗教圣地、历史文化牌坊、楼阁建筑等 | 园艺小品，特色农庄文化，民间风俗、潮汕饮食文化展示地 | 古人类遗址、化石，地质科普文化 | 兰花文化荟萃之地，以兰花为主题的碑林 |

（续上表）

| 项目 | 风景区 | | | |
|---|---|---|---|---|
| | 石壁山风景区 | 绿岛山庄 | 南国生态度假村 | 云峰山庄 |
| 典型景点 | 纳海楼、雷音寺、涑玉泉、丽泽湖、人民英雄纪念碑 | 千竹湖、昔日农家、明清古寨、农家宴、现代农业示范园 | 生态园、瓜果长廊、榕园、垂钓池、水上乐园、冰臼公园 | 中国兰花文化示范园，兰花文化碑林 |
| 开发条件 | 气候适宜，四季可游，海拔适中，可进入性好，基础设施较齐全 | 气候适宜，四季可游，可进入性一般，基础设施齐全 | 气候适宜，四季可游，可进入性较差，基础设施齐全 | 气候温和，四季可游，可进入性较好，基础设施较齐全 |
| 开发方向 | 宗教朝拜，文化休闲，康体健身，购物旅游 | 农家乐，生态休闲，科普教育 | 生态旅游，科普教育，娱乐度假 | 观光学习，科普教育 |
| 开发现状 | 整体已开发，但开发程度不够，目前主要面向饶平区域市场，市场空间狭小 | 开发较完善，广东省农业旅游示范点，综合性休闲度假地，年接待游客量近百万人次 | 大部分地区已开发，但风景区整体发展不平衡，主要面向潮汕地区市场 | 开发较好，中国兰花文化示范园，广东省科普教育基地，广东省假日观光新亮点 |
| 存在问题 | 资源开发水平不高，缺乏高质量支撑性产品，风景区管理较混乱 | 活动项目个性化不足，部分游乐设施存在安全隐患 | 风景区可进入性不强，活动形式过于单一，产品分布和结构有待优化 | 典型的观光产品，缺乏可参与性的活动内容 |

（续上表）

| 项目 | 风景区 | | | |
|---|---|---|---|---|
| | 石壁山风景区 | 绿岛山庄 | 南国生态度假村 | 云峰山庄 |
| 发展趋势 | 闽粤旅游驿站，粤东最大的旅游商品集散地，闽粤著名文化休闲基地 | 集旅游观光、休闲度假、商务会展、生态科普于一体的综合性旅游度假胜地 | 集观光、娱乐、休闲、度假为一体的多元化度假区 | 全国著名兰花观赏、科普教育基地 |

## 4.3.2　同类旅游资源比较分析

在把握了石壁山风景区旅游资源相对于区域内旅游景区的优劣势后，为进一步明确风景区旅游资源的优劣势，在一定的范围内找出与石壁山风景区同类型的旅游景区，进行比较分析。经过规划组调查发现，在整个粤东地区，与石壁山风景区目前作为城市（镇）后花园的功能、性质类似的旅游景区有不少，其中距离石壁山风景区较近的有潮州市区的西湖公园（见表4－6）。而与石壁山风景区未来发展目标——作为粤东地区旅游商品集散地和户外拓展休闲基地——类似的旅游景区，目前在粤东地区还没有发现。因此，将石壁山风景区打造成粤东地区著名旅游商品集散地和户外拓展休闲基地的发展潜力和市场空间巨大。

**表4－6　石壁山风景区同类旅游资源比较分析表**

| 项目 | 风景区 | |
|---|---|---|
| | 石壁山风景区 | 西湖公园 |
| 自然资源特色 | 气候温和，山势起伏，象形山石多样，林地茂密 | 山势起伏，自然山水，湖泊林木，生物多样性 |
| 人文资源特色 | 宗教圣地，历史文化牌坊，楼阁建筑 | 古迹传说，历史文化，古木文物 |
| 典型景点 | 纳海楼，雷音寺，涑玉泉，丽泽湖，人民英雄纪念碑 | 西湖渔筏，寿安岩，处女泉，涵碧楼，葫芦山摩崖石刻，山麓园林 |

（续上表）

| 项目 | 风景区 | |
|---|---|---|
| | 石壁山风景区 | 西湖公园 |
| 开发条件 | 气候适宜，四季可游，海拔适中，可进入性好，基础设施较齐全 | 气候适宜，四季可游，可进入性好，基础设施齐全，经济基础较好 |
| 开发方向 | 宗教朝拜，文化休闲，康体健身，购物旅游 | 观光休闲，人文历史 |
| 开发现状 | 整体已开发，但开发程度不够，目前主要面向饶平区域市场，市场空间狭小 | 开发较早，但更新较慢，目前主要面向潮州市区市场 |
| 存在问题 | 资源开发水平不高，缺乏高质量支撑性产品，风景区管理较混乱 | 后期开发投入不足，活动项目更新少，更多地作为城市公共福利在经营 |
| 发展趋势 | 闽粤旅游驿站，粤东最大的旅游商品集散地，闽粤著名文化休闲基地 | 粤东著名古典园林旅游胜地，潮汕地区著名城市公园 |

# 5　风景区发展目标与市场定位

# 5.1 风景区旅游发展规划阶段和发展目标

## 5.1.1 发展规划阶段

旅游业作为国民经济的一个重要组成部分和特定地域空间内产业链的一个有机整体，其发展阶段的划分需要与所在地国民经济发展计划相结合。本规划确定石壁山旅游发展年限为2016—2030年，分为近期（2016—2020年）、中期（2021—2025年）、远期（2026—2030年）三个发展阶段。

## 5.1.2 发展目标

1. 发展总目标

以饶平特色文化为灵魂，依托旅游资源，以石壁山的自然景观为载体，全面完善配套建设，把石壁山风景区规划为集观光、特色商品购物、体验为一体的风景名胜区。到规划期末，把石壁山风景区建设成国家AAAA级风景区，成为广东旅游精品的重要组成部分。

2. 分期目标

（1）近期目标。

①理顺旅游发展规划，完善机制，加强旅游人才的引进和培训，加大旅游业的引资和投资。

②近期开发重点是整合石壁山现有丰富的自然资源和历史悠久的人文景观资源，对其进行深度开发，建设并打造若干个旅游精品项目，形成“点轴”带动开发格局。如：扩建丽泽湖游乐区，改造并完善雷音寺和涑玉泉等名胜古迹，修复纳海楼，建设大众健身场所和民俗体验园，改造园林，迁移纪念碑等。针对景区脏、乱、差现状进行环境整治。

③结合石壁山风景区现有资源，通过进一步规划开发，重点推进旅游商品街、饶平名人纪念馆、涑玉泉茶艺馆（含生态茶座）、闽粤小吃馆、民俗植物园的兴建，完善交通、娱乐、购物等服务设施和配套建设，实现石壁山风景区旅游产品从观光型向观光休闲娱乐型转变。

④加强区域合作，扩大风景区影响力。初步将风景区建设成为一处集

人文历史、宗教文化、休闲购物为一体的旅游胜地，打造闽粤交界处的交通驿站以及粤东地区的特色宗教文化旅游区。到2020年，风景区总旅游者达到120万人次。

（2）中期目标。

①在近期规划实施的基础上，进一步完善旅游设施建设，建设精品景区、景点，开发新亮点，开拓旅游营销的新渠道。即在风景区内建立较具规模的专业户外拓展训练基地，为政府机关、企事业单位以及学校团体提供拓展训练的场所和专业的指导；同时配套建设一批相应的探险娱乐项目，打造粤东地区最大的专业户外拓展探险运动基地。这种新兴的拓展旅游借助当今时尚前沿的体验式学习模式，让“旁观”的旅客成了旅途中的“参与者”、主体活动的“表演者”。

②全面推进旅游资源开发，逐步从“点线”开发模式走向“点线面”相互促进的发展格局。

③促进风景区旅游多样化发展，充分开发具有特色、富有吸引力的粤东乃至广东著名的集观光休憩、岭南佛教文化、健身休养、游乐度假、拓展训练为一体的综合旅游景区。到2025年，风景区总旅游者达到160万人次。

（3）远期目标。

在前两个阶段实施建设的基础上，把风景区东北部、核心保护区北侧区域开发建设成为野外活动区、水上活动区；并逐步丰富景区、景点内容，完善风景区基础设施和服务体系，改造风景区森林植被，继续强化旅游资源和旅游环境的保护，形成资源开发高效、保护得力、区域协调、服务完善、产品丰富、特色鲜明的旅游全面协调发展和可持续发展格局，力争到2030年把石壁山风景区打造成国家AAAA级风景区，风景区总旅游者达到180万人次，成为广东旅游精品的重要组成部分。

## 5.2 风景区目标市场定位

目前，到潮州旅游的客源以国内游客为主体，而海外游客中尤以东南亚华侨为主体（见表5－1、表5－2、表5 3）。风景区应以潮州市现有客源为基础展开宣传，吸引其前来旅游，同时开拓新的客源市场。

**表 5－1　潮州市游客来源构成（2009—2013 年）**

单位：万人次

| 年份 | 2009 | 2010 | 2011 | 2012 | 2013 |
|---|---|---|---|---|---|
| 国内游客 | 273.9 | 317.4 | 371.7 | 437.5 | 529.5 |
| 海外游客 | 33.8 | 40.3 | 46.5 | 54.1 | 61 |
| 游客总数 | 307.7 | 357.7 | 418.2 | 491.6 | 590.5 |

资料来源：潮州市旅游局统计资料

**表 5－2　潮州市国内游客增长情况（2009—2013 年）**

单位：万人次

| 年份 | 2009 | 2010 | 2011 | 2012 | 2013 |
|---|---|---|---|---|---|
| 国内游客 | 273.9 | 317.4 | 371.7 | 437.5 | 529.5 |
| 增长率（%） | 25.1 | 15.9 | 17.1 | 17.7 | 21.0 |

资料来源：潮州市旅游局统计资料

**表 5－3　潮州市国外游客增长情况（2009—2013 年）**

单位：万人次

| 年份 | 2009 | 2010 | 2011 | 2012 | 2013 |
|---|---|---|---|---|---|
| 海外游客 | 33.8 | 40.3 | 46.5 | 54.1 | 61 |
| 增长率（%） | 28.6 | 19.2 | 15.4 | 16.3 | 12.8 |

资料来源：潮州市旅游局统计资料

根据以上的综合分析，结合风景区发展阶段目标，将风景区旅游客源市场划分为三级目标市场。

### 5.2.1　基础客源市场——饶平本地和周边潮汕地区

这一市场既是风景区基本的客源市场，也是近期重点开发的市场。

一方面，由于地理空间优势和历史渊源，随着潮汕地区区域总体经济水平和人均收入水平的提高，1 小时旅游圈、2 小时旅游圈、3 小时旅游圈和环城休闲游憩带等旅游经济新概念将逐步为大众所接受，城市周边和近距离的公众“周末游”逐步兴起，以汕头为中心城市的粤东城镇群建设逐步实施，潮汕地区特别是潮州、汕头二市的环城休闲游憩带和1小时旅游圈也在逐步培育成长，风景区正是潮州、汕头二市1小时旅游圈，潮汕二市环城休闲游憩带的重点，到风景区旅游方便省时的优点将非常突出。

另一方面，风景区作为拓展训练基地的基础客源市场也在本地及粤东地区。随着粤东地区经济和文化各领域的日益发展，越来越多的企事业单位以及公共团体组织也开始认识到拓展训练能够凝聚团队、激发潜能的重要意义，以企事业单位的高层管理人员及职工为主的各界学员，对拓展训练产生了浓厚的兴趣。而目前粤东有成型拓展训练基地的只有汕头中信海滨花园中大拓展训练营和梅州雁鸣湖拓展训练基地，由于这两处拓展训练基地规模有限，市场需求不能得到满足，粤东地区市场需求空间巨大。在中期，随着风景区内较具规模的专业户外拓展探险运动基地的建立，将吸引来自政府机关、企事业单位以及学校等团体客户。

因此，风景区可以将本地及周边潮汕地区开发为基本客源市场。

### 5.2.2 二级目标市场——珠三角、粤北部分区域、闽东南及港澳台地区

这一市场既是风景区的主要目标市场，也是中远期重点开拓的市场。

珠三角人口众多，常住人口近3 000万，外来暂住人口约1 000万。珠三角经济发达，是我国最先富裕起来的经济区域之一，也是我国三大消费客源地之一，人们基本过上了小康生活，消费能力高。随着粤港澳间的合作和联系更加紧密，以及泛珠三角地区经贸合作的开展，该地区游客的出游方式和目的将进一步和国际接轨，珠三角地区将成为引领省内其他地区客源进入下一层次出游潮流的先行者。随着自驾车旅行的兴起和普及，旅游整体趋势将向个性化方向发展，并成为一年一度的必需消费。根据珠三角地区未来的经济和游客发展整体趋势，加之风景区与该客源地的空间联系，应将其作为未来重要的旅游客源目标市场。在开拓市场时应把握该地区客源的旅游需求和整体趋势，在远期规划中不断开发新的旅游产品。

闽南与潮州市接壤，语言相通，且文化风俗极为相似，近年来社会经济更是联系密切。同时，深圳至厦门的高速铁路已全线贯通，饶平又建有高堂高铁站。此外，风景区被纳入漳州、厦门二市1小时旅游圈，风景区

的特色产品对梅州3小时旅游圈也有很大吸引力。

港澳是世界重要的旅游目的地，也是重要的旅游客源地，是广东省入境旅游市场的主体。紧密的经济、亲缘联系，产生了商务、探亲、休闲度假、会议等多种类型的旅游需求。台湾市场比较特殊，客源市场受到台海政治形势变化的影响。近期台海局势有了很大改观，已经实现了“三通”，这对于风景区来说，将意味着有较好的市场前景。

珠三角、粤北部分区域、闽东南及港澳台地区分布着众多的大型跨国企业，包括银行、医院、房地产等国内企业，各个层次的学校，其员工和学生都是户外拓展探险运动基地所能争取的客源市场。

### 5.2.3 三级目标市场——一、二级市场地区之外的地区，作为补充客源市场

由于地理和历史等原因，外省、外国这一市场应作为远期规划的一个补充客源市场，通过区域旅游联盟，利用区域旅游网络进行市场开拓。但是对于海外的潮籍华侨来说，他们是风景区开拓国际客源市场的基础和桥梁。潮州是著名的侨乡，华侨客源文化与当地相通，因此有着巨大的市场扩展潜力。

### 5.2.4 客源市场细分

1. 大众市场

这一客源市场以饶平县及潮汕地区居民、企事业单位职工为主体，以休闲、度假旅游为目的。此类游客较富裕，但没有时间到外地长途旅行，他们会选择在双休日或小黄金周与家人、朋友、同事共同出游，舒缓工作压力，增进感情。

2. 政府机关、企事业单位、学校等团体

这一客源市场主要是组织员工和学生进行体能、生存训练扩展、心理训练、人格训练、管理训练等，通过拓展训练，参训者在如下方面有显著的提高：认识自身潜能，增强自信心，改善自身形象；克服心理惰性，磨炼战胜困难的毅力；启发想象力与创造力，提高解决问题的能力；认识群体的作用，增进对集体的参与意识与责任心；改善人际关系，学会关心他人，更为融洽地与群体合作；学习欣赏、关注和爱护大自然。

3. 过境旅客

这一客源市场的人群主要是旅行过程中进行中转的游客，其旅游目的

主要是观光游览及购物娱乐。

4. 海外归侨及旅居外地的本地客商

饶平县的海内外名人众多，又是潮汕地区著名侨乡，这一客源市场的旅游目的主要是探亲寻根。

## 5.3 风景区客源市场预测

### 5.3.1 风景区客源市场预测背景

随着休闲时代的到来，国内旅游需求日益增长，客源市场也呈现出新的发展趋势。从广东旅游发展趋势分析，随着中国加入 WTO、粤港澳 CEPA 的签订、泛珠三角地区经贸活动的合作与开展，粤港澳旅游区的国际影响力将日趋增强，广东旅游市场形象将在省外、境外得到全面提升。同时，随着广东旅游经济结构的进一步完善和优化，观光旅游、商务旅游、文化旅游和生态旅游、拓展旅游将在省内百花齐放，旅游消费将成为居民的日常需求，这正是风景区旅游市场开拓所依托的宏观环境之一。

另一个宏观环境则是风靡全球 50 年的拓展训练，其自 1995 年进入中国，短短几年不断发展，备受推崇，逐渐被列入国家机关、外资企业和其他现代化企业的日常培训日程。拓展训练在中国已经逐渐被东部经济发达地区的企事业单位所认可，已被很多大公司、国家机关、事业单位作为常规培训内容列入日常培训计划。在中国的西北部等经济欠发达的地区，拓展训练也有了很大的发展，而且呈上升趋势。不同单位对于拓展旅游有着不同的目的：大型国有企业、政府部门的目的是营造自然的沟通气氛，打破隔阂，建立高效、深入的沟通；而外资企业则需要让员工更好地感悟企业文化，学习沟通的技巧，用更生动有趣的形式进行团队的建设；民营企业大多注重团队建设、高效团队沟通、企业文化培育、执行力方面的培训；而对于在校学生、医院基层员工、超市基层员工等，主要是通过拓展训练提高团队协作能力，进行适当的个人挑战与生存训练。

潮州作为广东旅游业的重要组成部分，有着发展旅游业的先天资源优势，海外 2 000 万潮人为潮州发展旅游提供了丰富的潜在客源。潮州市旅游局提供的数据显示，潮州市 2009 年共接待游客 307.7 万人次，比 2008 年增长了 25.5%；其中接待国内游客 273.9 万人次，占总人次的 89%。2010 年接待海内外游客 357.7 万人次，2011 年接待海内外游客 418.2 万人次，2012 年接待海内外游客 491.6 万人次，2013 年接待海内外游客 590.4 万人次，入潮旅游人数逐年攀升。

饶平县旅游业发展尚处于初级阶段，旅游资源亟待开发。据县旅游局提供的资料，2013 年饶平县共接待旅游者 134.4 万人次，从客源构成来看，游客主要来自本县和潮汕地区，而其中又以汕头居多；来自深圳、港澳台等地的游客也占一定比例。

### 5.3.2 旅游市场竞争分析

从旅游产品竞争力角度分析，风景区的气候温和，山势起伏，象形山石多样，林地茂密，海拔适中，可进入性好，四季可游，可作为粤东地区旅游商品集散地和户外拓展休闲基地，目前在粤东地区还没有类似的旅游景区。风景区所在的饶平县生态旅游资源和海滨旅游资源优势较为明显，依托这类资源开发，将石壁山风景区打造成粤东地区著名旅游商品集散地和户外拓展休闲基地的发展潜力和市场空间巨大，具有较强的市场竞争力。

从区域竞争角度分析，风景区旅游资源和区域内的道韵楼、冰臼公园、绿岛山庄等旅游景区具有较好的互补效应，这对于丰富饶平县旅游产品种类、优化旅游产品结构具有重要意义，也为饶平县同邻近地区进行区域旅游合作奠定了良好的基础。目前饶平县的海滨度假旅游产品面临粤西、珠三角、粤东及福建周边地区的激烈竞争，风景区结合旅游商品和户外拓展休闲基地特色充分开发旅游产品，凸显饶平县旅游产品特色，既有助于区域整体旅游竞争力的提升，又有利于扩展市场空间，实现区域旅游双赢的局面。

通过以上分析可知，风景区产品具有一定市场，并具有相应的市场规模。

### 5.3.3 旅游市场规模预测

1. 预测依据

由于风景区尚处于半开发状态，并且旅游市场受多种变动因素影响，其中一些因素又是难以预测或是处于不断的动态变化中，比如地震等。因此，对于风景区未来客源市场的变化，只能作趋势性预测，在制订年度计划时应不断进行修正。

规模预测判断的依据为：①全省旅游业发展趋势和旅游消费趋势；②饶平县近五年旅游接待人数（见表5－4）；③饶平县旅游景区及接待设施的建设和发展规划；④饶平县经济发展形势分析；⑤饶平县主要客源地的人口、经济发展情况；⑥饶平县主要客源地周边地区旅游竞争影响。

**表5－4　2009—2013年饶平县旅游接待人数统计表**

单位：万人次

| 年份 | 2009 | 2010 | 2011 | 2012 | 2013 |
| --- | --- | --- | --- | --- | --- |
| 接待人数 | 101.2 | 108.2 | 116 | 124.7 | 134.4 |
| 年增长率（%） | | 6.9 | 7.2 | 7.5 | 7.8 |

资料来源：饶平县旅游局统计资料

《饶平县旅游发展总体规划（2015—2030）》预测饶平县总体市场规模为：2010年旅游接待人数115万人次；2015年旅游接待人数150万人次；2020年旅游接待人数185万人次。

**表5－5　石壁山风景区近三年年接待游客人数统计表**

单位：万人次

| 年份 | 2012 | 2013 | 2014 |
| --- | --- | --- | --- |
| 进入景区范围人数 | 70 | 86 | 98 |
| 年增长率（%） | 7.1 | 22.9 | 14.0 |

资料来源：景区管理处统计资料

2. 旅游市场规模预测

综合考虑上述各方面的因素，景区旅游接待人数规模规划相应划分为三个阶段：

（1）近期（2016—2020年）。根据《饶平县旅游发展总体规划（2015—2030）》预测，饶平县2020年旅游接待人数可达185万人次；随着石壁山风景区产品的调整补充、环境的整治，预测近期末风景区年接待人数可达 120 万人次。

（2）中期（2021—2025 年）。风景区的产品不断进行升级，产品类型不断增加，预测中期末风景区年接待人数可达 160 万人次。

（3）远期（2026—2030 年）。主要旅游产品开发已经成熟，国内旅游业进入稳定发展期，增长速度逐步回落，但仍保持一定速度稳定发展，预测远期末风景区年接待人数可达 180 万人次。

# 6　风景区功能分区

在进行功能分区之前，考虑到风景区已存在墓园（包括配套场地）的事实，为了使这部分远离旅游闹区，规划将其划定区域，规划面积约80 000 平方米（120 亩），不列入旅游规划。规划根据风景区地理环境特征、风景区自然及人文景观资源的分布位置、风景区的性质、旅游心理、游览要求，本着合理利用风景区资源，保护生态环境，充分开发具有特色、富有吸引力的风景区环境和游览景点的原则，将风景区划分为 4 个不同性质的功能区域。

## 6.1 核心保护区

### 6.1.1 位置和范围

该区位于整个风景区的中心地带，面积约 611 880 平方米（约 918 亩），南临文化与综合服务区，西北面是游乐度假区，东面是森林探险区。

### 6.1.2 旅游开发主题和特色

该区林木资源丰富，文化古迹相对集中，以培育林木，展示历史人文景观为开发主题，体现其自然科考价值和历史人文价值，增加风景区的价值内涵，使到石壁山旅游的游客在置身自然美景的同时也能感受到岭南佛教文化以及粤东历史人文的丰富内涵。

### 6.1.3 功能分区

该区建成后将形成以雷音寺为中心的佛教文化区、以涑玉泉为中心的茶艺休闲区、以龟鳖石为中心的石雕博览区、以纳海楼为中心的观景休憩区和吸引年轻游客的野营训练区等。

### 6.1.4 项目布局

1. 佛教文化区

该区位于核心区西南部，面积约 15 004 平方米（约 22.5 亩）。以历史古迹雷音寺为主体，周边配套有南海精舍、慈悲亭、佛塔、一心亭、放生池、荷花池等辅助设施，是游人祈福朝拜，聆听佛理，探讨和交流文化的绝佳场所。

2. 茶艺休闲区

该区位于核心区中部，靠近佛教人文文化区，面积约 64 743 平方米（约 97 亩），以涑玉泉为中心，周边配套建有涑玉听泉石雕及分散于丛林中的高级休闲茶座，其中一处为中央茶座，名为涑玉泉茶艺馆，位于健身园、延景亭附近。通过打造高品位生态茶艺休闲区，吸引多方游客前来风景区休闲度假，品味潮州工夫茶文化。茶艺休闲区的规划，详见“涑玉泉茶艺休闲区概念规划”。

3. 石雕博览区

该区位于核心区北部，面积约 73 095 平方米（约 110 亩）。该区主要是以石壁山的石料为材料，根据饶平当地的民间传说，通过人工适当加工雕刻形成一片石雕群，造型优美、意境生动的石雕不仅能体现石壁山的主题特色，也能极大地丰富风景区景观的多样性和观赏性。

4. 观景休憩区

该区位于核心区东北部，面积约 163 426 平方米（约 245 亩），现有景点纳海楼、假日茶邸和电视塔。该区具有茂盛的林木资源以及优越的地理位置，三景沿途将设置多个凉亭和石凳供游客休憩玩耍，至高处的纳海楼不仅具有悠久的历史，还可供游客登高望远，观赏县城全景，远眺大海。在纳海楼旁边将设置一服务点，为游客提供旅游纪念品或其他旅游物资，但禁止提供烧烤等污染环境的服务。服务点内还将设风景区洗手间。

靠近电视塔的假日茶邸的一大块区域，规划为综合性游客服务区，为登山游客提供茶歇、休憩服务，出售旅游纪念品或其他旅游物资。服务区还将配置小型电瓶车停车场和洗手间等场所和设施。

5. 野营训练区

该区位于核心保护区东部，与森林探险区接壤，面积约 186 530 平方米（约 280 亩）。

利用现有地形及植被特点，规划设置各种野营训练项目，如登山、攀岩、悬崖速降、定向越野、山地自行车等，并配套农家乐及各种烧烤设施吸引年轻游客到此区域参加野营体验，磨炼意志，强身健体。野营训练区的规划，详见“野营训练区概念规划”。

## 6.2 文化与综合服务区

### 6.2.1 位置和范围

该区位于风景区南部西侧，风景区核心区以西区域，边缘是规划中的新修公路，面积约 208 200 平方米（约 312 亩）。该地段靠近城区，地势向阳，相对平缓，适宜花卉、果木的生长。

### 6.2.2 旅游开发主题和特色

该区以健身修养为主题，主要为旅游者营造一个安逸、宁静而文化氛围浓郁的休闲环境，既能使敬老院的老人在此休养身心，又能使游客借以强身健体和养生。

### 6.2.3 功能分区

该区形成敬老院、民俗植物园、儿童游乐与民俗体验园、烈士陵园、饶平文化基地、风景区健身广场与大型地下停车场、丽泽湖综合服务区和商业服务区八个主要功能区。

### 6.2.4 项目布局

1. 敬老院

敬老院位于墓园管理处东侧，旨在为老人提供休闲健康、安度晚年的处所与相关服务。规划建楼共 4 幢，配套方便老人的生活设施，美化周边环境。该区规划面积约 7 670 平方米（约 11.5 亩）。

2. 民俗植物园（详见“民俗植物园概念规划”）

民俗植物园位于敬老院对面、烈士陵园西侧，包括苗圃区和观赏园区。苗圃区主要为风景区及周边城镇提供花卉、苗木，为风景区逐步改变林相提供保障。观赏园区广泛引种栽培国内外各种适宜风景区栽植的开花植物，且蕴含民俗文化，具有旅游开发价值，同时形成若干专园，如桃园、桂园、菊园、月季园、丁香园、盆景园等特色园区，以便吸引游客前来观光游览。该区规划面积约 8 258 平方米（约 12 亩）。

3. 儿童游乐与民俗体验园

该园位于民俗植物园对面、闽粤小吃馆西侧，规划设置各种儿童游乐设施和各种民俗展台，包括实物展示、宣传栏、节目演出和其他游客参与性体验等项目。该园区主要为风景区周边民众及游客提供一个儿童游乐、感受与体验饶平民风民俗的场所。表演节目应突出饶平乡土特色，如饶平布马舞、潮剧等。该区规划面积约 13 135 平方米（约 19.7 亩）。

4. 烈士陵园

该园现有面积约 4 235 平方米（约 6.4 亩），目前仍保持原貌，搞好绿化，今后有条件再选址建设。

5. 饶平文化基地

该地位于民俗植物园东侧、烈士陵园东南侧，规划建设饶平文化基地，内设饶平名人纪念馆（详见“饶平名人纪念馆概念规划”）、饶平文化修学馆、饶平图书馆、饶平休闲艺术馆、饶平文化展览长廊等文化场馆及设施，使其成为石壁山风景区内重要的支撑性旅游景点，成为饶平县的休闲文化中心。该区规划面积约 10 441 平方米（约 15.7 亩）。

6. 风景区健身广场与大型地下停车场

该地位于丽泽湖西侧，饶平文化基地前面、烈士陵园和云泉阁周围将规划为健身广场，面积约 21 050 平方米（约 31.6 亩），配置各式健身器材，供周边民众休闲锻炼。饶平文化基地和健身广场的地下部分，规划建设一大型地下停车场，面积约 21 631 平方米（约 32.4 亩）。

7. 丽泽湖综合服务区

该区位于牌坊东侧，目前丽泽湖已有部分亭阁等休闲设施，规划配套更多的亲水休闲设施、度假别墅和石壁山风景区管理处办公楼。该区规划面积约 91 367 平方米（约 137.1 亩），其中陆地面积 58 275 平方米（约 87.4 亩）。

8. 商业服务区

（1）位置和范围。

该区位于牌坊至雷音寺下方道路两旁、饶平二中对面，贯穿风景区的中南部。

（2）旅游开发主题和特色。

该区以经营闽粤交汇地带，尤其是饶平的特色餐饮与旅游纪念品为主题，充分展示饶平的饮食文化和特产，为游客提供一个品尝地方美食、购买地方特产的场所。

(3) 功能分区。

规划建成餐饮服务区（包括斋菜馆、闽粤小吃馆）和旅游商品街等功能区。

(4) 项目布局。

①餐饮服务区。该区规划建设两个功能馆，包括斋菜馆、闽粤小吃馆。斋菜馆可让前来雷音寺、南海精舍礼佛的香客和喜欢吃斋的游客吃上可口的斋菜。闽粤小吃馆规划面积约 11 381 平方米（约 17 亩），主要介绍闽粤交汇地区的民间小吃，如饶平蚝仔烙、诏安猫仔粥、漳州虾枣汤、大埔薄饼、达濠鱼丸、胡荣泉鸭母捻、老妈宫粽球、五香花生等特色小吃，集中经营，让游客在游览景区风光、体验饶平民俗的同时，也能品尝到正宗的闽粤小吃。

②旅游商品街（粤首街）。该地位于牌坊至雷音寺下方道路两旁、饶平二中正门对面现有西道两旁，其建筑风格具有闽粤特色，并汇聚粤东、闽南的特色产品，打造粤东最大的旅游商品集散地。该街规划全长约 1 000 米［详见“旅游商品街（粤首街）概念规划”］。

## 6.3 游乐度假区

### 6.3.1 范围和位置

该区位于风景区西北部，围绕两座水库，规划作为中期开发景区，面积约 1 124 920 平方米（约 1 687.4 亩）。

### 6.3.2 旅游开发主题和特色

该区充分利用特有的资源与山体特点，组织一些游览项目与活动，使游客感受到不同的情趣，规划形成一个游乐度假活动区。

### 6.3.3 功能分区

该区规划形成避暑山庄度假村、露营地、垂钓区和水上世界景区。

### 6.3.4 项目布局

（1）碧山庄规划占地面积2.1万平方米，利用山坡自然地形，建别墅式度假村建筑30栋，总床位数150床。建筑形式小巧别致、丰富活泼，建筑风格具有地方特色，并具有时代感，以吸引海内外游客来此休养、度假。

（2）露营地规划占地面积5.8万平方米，供游客尤其是青少年进行露营活动。风景区管理处在此设置管理服务部，出租露营器具设备，并提供饮食服务。

（3）垂钓区围绕小水库南方沿岸，规划面积1万平方米，主要为中老年垂钓爱好者提供垂钓活动场所。规划利用大岭水库6.25万平方米的开阔水面，开展丰富多样的划船、碰碰船、赛艇、游泳、激流勇进等水上活动。利用水库南部裸露的岩石，建湖心亭一座，供游人登临休息、赏景，同时也形成新景点。

（4）水库北侧山体，有一水吼景点，每逢雨水季节，形成瀑布景观，水声轰鸣，景色壮观。规划在水吼上游水溪中段设蓄水池，以便在平时也能形成水吼景观。

（5）规划利用水库南部山坡地，建水上世界活动区管理服务处及其他设施，占地面积3.4万平方米。

## 6.4 森林探险区

### 6.4.1 位置和范围

该区位于风景区东北部、核心保护区北侧，距大门入口处较远，规划作为远期开发景区，面积约1 000 964平方米（约1 501.4亩）。

### 6.4.2 旅游开发主题和特色

该区距风景区入口处较远，根据其位置偏僻、环境幽静的自然地理条件，开发多项针对青少年的活动项目，提高游客参与度。

### 6.4.3 功能分区

该区地形较为复杂和险要，植被茂密，山光水色相映，森林特色明显，开发过程应注重植被、湿地保护。可利用该区特点，以森林探险为主题，形成野外活动区、水上活动区。

### 6.4.4 项目布局

规划野外活动景区用地 2.7 万平方米，利用该区位置偏僻、环境幽静的自然地理条件，设置赛马、射击、越野、军体、定向越野等活动项目，对青少年游客有较大吸引力。野外活动区内有面积 3 万平方米的畚箕湖可以利用，可开展水上竞技活动。规划在湖南边建一畚箕亭，供游人休息、观赏，并成为该区一景。

## 6.5 功能分区树形图

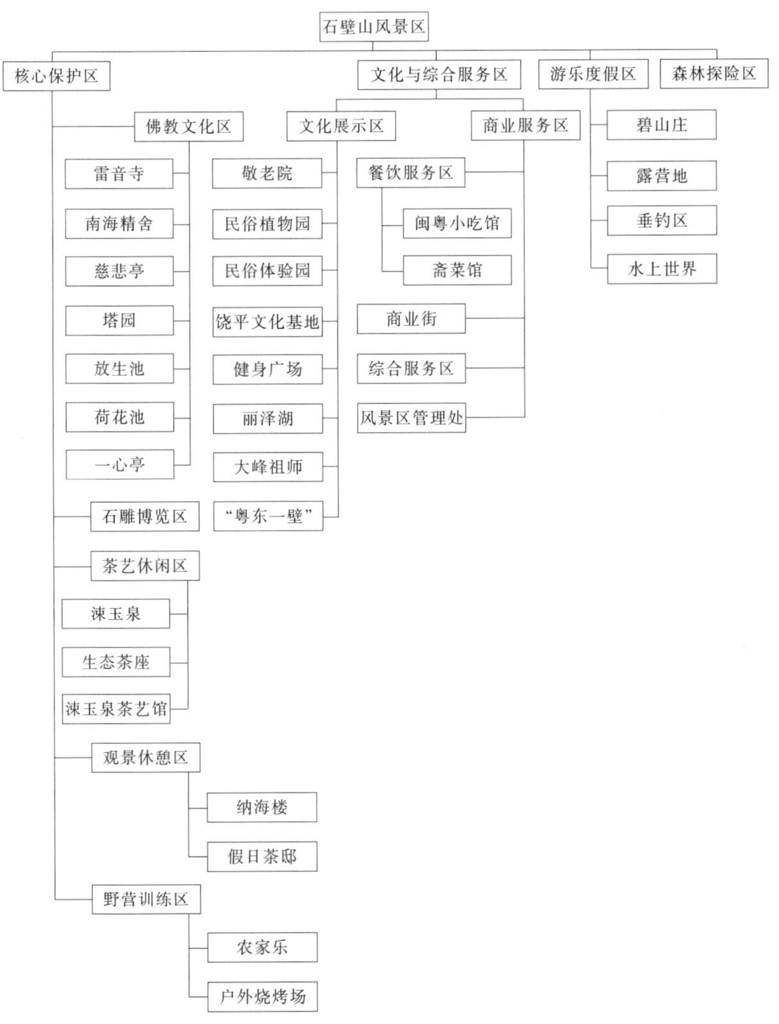


功能分区树形图

# 7　风景区旅游产品规划与营销策略

## 7.1 旅游产品体系规划

根据旅游客源市场分析与旅游资源分析，石壁山风景区可开发的旅游产品如下：

### 7.1.1 观光游览

石壁山风景区内林木郁郁苍苍，有明代的古树名木，也有新栽的相思林，有古寺雷音寺，有自然景点涑玉泉、丽泽湖，有近代建筑物“粤东一壁”（赵朴初题）牌坊、纳海楼等。区内气候温和，山势起伏，象形山石多样，林地茂密，是潮汕周边居民游览的好去处。

可开发的游览项目有：

（1）纳海楼观海。

纳海楼在石壁山之巅，登楼可俯瞰黄冈全貌和烟波浩渺的大海，观海天一色之景。

（2）赏奇石岩壁。

石壁山风景区奇石岩壁众多，且具有一定的文化内涵，如石壁山摩崖石刻。风景区内还有众多景点，如富有传说色彩的仙人脚印、石眼床和仙人洞；山上奇石到处可见，有龟叠鳖、卧牛听金钟等景点。

（3）听涑玉清泉。

涑玉泉位于石壁山山谷处。周围古树成荫，一巍峨巨石覆盖数石，形成一个石洞。洞口高1米，宽1.7米，向纵横各5米。

（4）游民俗植物园。

民俗植物园种植的都是具有潮汕民俗特色且观赏性较强的植物，不仅可以供游人观赏，还可以让游人了解潮汕民俗风情，增长知识。

（5）丽泽湖、大岭水库观光游憩。

此外，雷音寺、延景亭、慈悲亭、烈士陵园、饶平名人馆等都可供游人观赏，并且风景区自然风光旖旎，气候宜人，是人们观光游览的好地方。

### 7.1.2 文化旅游

石壁山地处饶平，饶平历史文化源远流长，民风淳朴，民俗风情浓郁。这里曾是明清海防军事重地和丁未潮州黄冈起义的发起地，许多悲壮和可歌可泣的英雄事迹在此流传。全县各地散布着大量令人向往的文化遗存，民俗文化丰富多彩。

可开发的旅游文化资源有：

（1）宗教文化。

以潮州雷音寺为代表的礼佛活动场所，供游客焚香点烛、祈求平安。

（2）历史文化。

①历史遗存：丁未潮州黄冈起义的发起地、“粤东一璧”牌坊等。

②历史传说：如险石传说。南宋末年，朝廷为了对付元兵入侵，派人跑到潮州畲族聚居的村落，组织畲家军配合文天祥抵抗元兵。农民起义首领陈吊王兵败被俘前，曾把大量宝藏埋在这个地方，并在石上刻下几句话。据说，能破解这个谜团就能找到宝藏的位置。金银财宝全埋藏于一块当地人称为“险石”的大石头下，并留下谶语：“金樟坑，犁头石壁下，翻心一箭步，三大缸，四船载，有福之人，绕着千子万孙。”谶语流传甚广，来此寻宝的人也很多，但至今没有人寻到。

险石传说将成为石壁山风景区产品开发的亮点，可以把谶语制成一块大型的摩崖石刻耸立于山顶。旅游产品开发可迎合大众好奇、喜好探询秘密的心理，开发一系列探询“险石宝藏”的旅游活动。

此外，石壁山还有许多关于石头的传说，出米石、风动石、御史石、猪头石、太子洞、仙人棋石、鹰拍桃、叠石、戏囊石、石部母等美丽动人的传说赋予了石壁山风景区“石”的灵魂，增加了风景区的人文内涵。

（3）民俗文化。

饶平是布马舞的故乡。布马舞是传统的民间舞蹈，始于宋末元初，距今已有700多年历史。布马制作简单，用竹片、竹篾扎成马匹躯壳，封上纸张，用布料装扮成各色马匹。布马舞把民间舞蹈、民间音乐、民间工艺三者融合起来，形成自己独特的艺术风格。其表现内容根据一则名为“状元游街”的传说改编，其队形变化有如今的“长蛇开阵”“双龙摆尾”“闯跳四门”等。无论奔腾跳跃还是徐步缓行，均着重表现出马的形象，使其活灵活现。

随着时代的变迁，舞蹈的表现内容多次变换，《八仙八骑》《六国封相》《草原民兵》《昭君出塞》《辞郎吟》《穆桂英挂帅》等作品先后问世。布马少则7骑，多则20骑。

以这种多姿多彩的民间民俗文化为吸引力的旅游产品极具魅力。因此，以布马舞为代表的民间民俗文化将成为石壁山风景区旅游产品的一个吸引点。

（4）宝藏文化。

该区利用“险石宝藏”传说的亮点，以“神秘宝藏”为主题，搜罗与宝藏相关的知识，如世界上关于宝藏的传说、已被发现的宝藏、宝藏种类、藏宝地点、宝藏价值、宝藏探险、宝藏电影等，通过展览、复制、高科技等手段向游客展示，满足人们对神秘宝藏充满好奇的心理需求。

### 7.1.3　拓展旅游

拓展旅游是从拓展训练演变而来的旅游新产品。拓展旅游秉承了拓展训练之熔炼团队、陶冶情操的理念，同时，健康的户外运动、快乐的趣味性游戏满足了人们的心理需求，既体现了团队精神，又达到了旅游的目的。最近几年，拓展旅游受到旅游业界的普遍欢迎，并成为当今旅游的时尚产品。

石壁山风景区的地形、地貌为开发拓展旅游提供了条件，而石壁山“险石宝藏”的传说为开发拓展旅游确立了一个极具吸引力的主题。

因此，根据石壁山风景区自然资源和人文资源优势，风景区以“神秘宝藏”为主题，开发运动型、娱乐型、休闲型、游戏型、探险型的拓展项目，满足游客的多种需求。

可开发的活动内容有：

（1）海底（水底）探宝。

该活动利用大岭水库的水域，模拟海底（水底）或水面的神秘宝藏，开展一系列运动型、娱乐型、休闲型的拓展项目。

（2）洞穴探宝。

该活动为开凿一出洞穴，制造一种神秘莫测的气氛，洞穴宝藏通常和武侠小说中的一些描述相关，开展一系列游戏型、探险型的拓展项目。

（3）古墓探宝。

古墓探宝最具神秘、惊险的特征，可模拟古墓的情景，开展探险型的拓展项目。

（4）森林探宝。

该活动利用风景区的森林，开展一系列运动型、娱乐型、游戏型、休闲型的拓展项目。

（5）迷宫探宝。

该活动利用风景区的复杂地形，开展智力型、游戏型的拓展项目。

（6）虚拟探宝。

该活动利用风景区作为背景，开发出海底（水底）探宝、洞穴探宝、古墓探宝、森林探宝、迷宫探宝等一系列寻宝网络游戏，满足一部分游客的需求。

### 7.1.4 休闲购物

1. 休闲

丽泽湖休闲娱乐区、生态茶座、涑玉泉茶艺馆是专门为游客打造的休闲区，游客可以在风景区内参与一些娱乐型、运动型的旅游活动，品茗休憩，愉悦身心。

2. 特色旅游商品购物

风景区主要购物点应分布在旅游商品街（粤首街）上，即牌坊至雷音寺下方道路两旁、饶平二中正门对面现有西道两旁、烈士陵园、闽粤小吃馆、饶平文化基地、健身广场四周，全长 1 000 余米。粤首街建筑风格应具有闽粤特色，依托粤首街，打造粤东最大的旅游商品集散地，汇聚粤东、闽南的特色产品，不仅可以满足游客的购物需求，还可以作为粤东旅游特色商品生产基地。

可开发的项目有：

（1）蓬莱鲜楼。

主要经营特色海鲜，以饶平的“海上牧场”为依托。

（2）粤首特色商品街。

主要经营特色旅游商品，采用体验购物模式（指以游客体验为中心，通过对旅游购物过程的战略性管理，使游客获得关于旅游商品的全方位体验的一种旅游购物模式），旅游者不仅可以购物，还可以体验特色商品的生产流程及生产工艺。

（3）淘宝街。

在粤首街开辟一处古董交易场所，供游客交易、欣赏。

### 7.1.5 节庆活动

节庆活动不仅可以吸引游客，还可以作为必要的促销手段，可开发的节庆活动有“宝藏文化节”“寻宝节”“全国寻宝网络游戏大赛”“荔枝节”“尝鲜（海鲜、绿色农产品）活动”“布马舞民俗文化节”等。

## 7.2 重点旅游线路设计

### 7.2.1 区内线路

（1）牌坊—饶平名人馆—民俗植物园—健身与民俗体验园—闽粤小吃馆—雷音寺—涑玉泉—延景亭—涑玉泉茶艺馆—纳海楼—丽泽湖—粤首街。

（2）牌坊—雷音寺—涑玉泉—延景亭—炮台—涑玉泉茶艺馆—纳海楼—闽粤小吃馆—饶平名人馆—丽泽湖—粤首街。

（3）牌坊—饶平名人馆—民俗植物园—健身与民俗体验园—闽粤小吃馆—生态茶座—丽泽湖—粤首街。

（4）牌坊—雷音寺—涑玉泉—延景亭—炮台—涑玉泉茶艺馆—纳海楼—斋菜馆—粤首街。

（5）牌坊—丽泽湖—闽粤小吃馆—生态茶座—粤首街。

（6）野营训练—烧烤场—农家乐—古岭寺—静修庵—丽泽湖—太祖峰寺—粤首街。

### 7.2.2 外围线路

1. 省际旅游线路

饶平县地处粤东沿海，同福建省相邻，与台湾岛隔海相望，居于汕头、厦门两个经济特区之间，是闽、粤、台经济辐射的交汇点，而石壁山风景区位于饶平的县城黄冈，具有良好的交通地理位置。饶平县还是从广东到福建的必经之路，其中324国道、汕汾高速、漳诏高速包围着饶平县的县城黄冈，这里具有良好的交通条件，可以将其作为广东与福建两省的交通中转站发展省际旅游。

省际旅游线路如：厦门—漳州—饶平—汕头（潮州）。

2. 市际旅游线路

潮州作为潮汕文化的发源地和著名侨乡，对于具有寻根情结的海外华侨或潮汕三市的游客来说具有一定的吸引力，因此石壁山还可以开发市际旅游线路。

市际旅游线路如：

（1）汕头—潮州—饶平石壁山。

汕头是粤东的经济政治中心，是潮州的一个很大的客源市场，因此石壁山风景区旅游必须尽可能开发汕头市场。

（2）揭阳—潮州—饶平石壁山。

揭阳与汕头、潮州有共同的语言和风俗习惯，同属潮汕地区。

（3）梅州（雁南飞度假村）—潮州—饶平石壁山。

饶平道韵楼是全国最大规模的客家土楼，可以借用梅州雁南飞等知名景点，形成优势互补，同时扩大客源市场。

3. 县内旅游线路

石壁山风景区对于饶平人的可进入程度相对较高，加之饶平本县拥有非常丰富的旅游资源，例如全国最大的客家土楼、绿岛山庄、粤东第一湾“大埕湾”、白鹭天堂等，因此石壁山风景区的发展首先要以饶平本县为依托。

县内旅游线路如：

（1）潮州—绿岛山庄—石壁山风景区—大埕湾。

（2）石壁山风景区—镇风塔—云峰兰苑—大埕湾。

（3）绿岛山庄—石壁山风景区—云峰兰苑—柘林海底温泉—海上牧场—白鹭天堂。

（4）石壁山风景区—云峰旅游山庄—柘林渔港—金狮湾—大唐电厂—白雀寺—镇风塔—大埕所城。

（5）石壁山风景区—三百门港—“海龙”景区—隆福寺和永福寺。

# 7.3　旅游商品开发规划

旅游商品是在旅游过程中游客所购买的产品，是旅游区盈利的方式之一。因此，旅游商品的开发在旅游区的发展中具有十分重要的地位。旅游商品包括各式各样的工艺品、美术品、保健品、装饰品等。旅游商品的开发应在地方特色和景区特色上做文章。旅游商品的开发，首先应充分发挥资源优势，即充分利用旅游区本身具有的资源，作为商品开发的基础；其次应发挥地理优势，即利用旅游区在旅游活动中的特殊地位，开发与旅游区有特殊联系或意义的旅游纪念品，使商品本身具有很强的纪念意义。同时应结合游客的消费需求，开发出畅销的旅游纪念品。

饶平因“饶永不瘠，平永不乱”而得名。这里土地丰腴，水土良好，环境清洁，物产丰富且质地优良。蔬菜、水果、水产、畜产多为无公害的健康、环保食品，单丛名茶、日用陶瓷、三饶香米及各色风味小吃等远近闻名，屡获嘉奖，形成特色显著的旅游商品资源。

可以开发的旅游商品包括以下几个系列：

## 7.3.1　水产系列

饶平海洋资源极其丰富，拥有多姿多彩的“海上牧场”，水产资源尤为丰富，水产养殖面积达 13.56 万亩，对虾、鳗鱼、大沃泥蚶、叠石赤蟹等享誉海内外。因此，开发水产系列的旅游商品拥有得天独厚的条件，不仅可以直接为游客提供海鲜大餐，还可以对这些水产品进行深加工，体现其营养价值和药用价值，以便游客购买。

（1）赤心虾蛄肥大鲜嫩，肉中含有一条蛋黄，是一种营养丰富、汁鲜肉嫩的海味食品。味甘，有补肾壮阳、活血生津、通乳脱毒之功效。

（2）鳗鱼又名日本鳗、河鳗、鳗鲡、白鳝。肉细腻，味美清香，少刺多肉，鲜肥可口，极富营养，具有生精造血、滋阴补肾、清凉解暑、滋补强身的效用。对夜盲症、肺炎、肺结核的治疗，妇女产后恢复健康，均有独特功效。血鳗满身红润，具有突出的补血功效，是珍贵的水产品，被称为“水中人参”。

(3) 饶平龙虾是海产名贵虾类中最大的一种，体大肉多，含蛋白质16.4%、脂肪1.8%，还有与肌肉收缩有关的肌球蛋白、肌动球蛋白及甲胺。味道鲜美，历来是宴席的佳肴。

(4) 大澳珠蚶学名泥蚶，属于贝壳类海产品。肉供食用，味美可口。壳可作药用，有消血块、化疾积的功效，也可烧制贝灰，或作陶瓷工业原料。巨蚶内生的蚶珠为贵重药材。

### 7.3.2 民间手工艺系列

潮汕地区的民间手工艺极具特色，其艺术价值、经济价值也相当高。作为旅游商品，民间手工艺具有很高的纪念价值，因此，这些具有地方特色的工艺品是游客最为青睐的。可开发的民间工艺品除了具有遗产价值的潮州木雕、潮绣外，还要挖掘饶平地区的民间工艺，游客在购买的过程中，不仅可以观看制作的工艺流程，还可以亲自体验制作过程。

### 7.3.3 水果系列

饶平盛产水果，知名的有以下几种：

(1) 渔村杨梅。渔村水果生产享有盛名，素有“水果专业镇”之称。杨梅是渔村的特色区域性产业，其种植面积达8 000亩。渔村杨梅主要有大粒乌梅、酥核梅、白杨梅等品种，具有果实大、肉质红厚、核酥、酸甜适中等特点，富含葡萄糖、维生素C，还含可溶性固形物，具有生津止渴、和胃消食的功效。产品远销潮汕周边地区及北京等地。

(2) 四罗蕉柑。果型端正，皮色橙黄可爱，光滑润泽，果肉丰腴柔脆，汁多渣少，浓甜清香，含有多种维生素，耐储藏，深受客商青睐。每到农历十二月初，果熟季节，顾客云至，争先抢购。

(3) 桂味荔枝。樟溪荔枝果园面积有1 700余亩，种植品种繁多，主要有三月红、妃子笑、乌叶、桂枝、糯米糍，管理区的桂味荔枝更是果中珍品。该果呈圆形，裂片峰刺手，果皮浅红带绿，核小退化，肉厚，爽脆清甜有浓香，口感极佳，沁人肺腑。

(4) 青岚橄榄。青岚管理区种植的橄榄品种较多，经过长期的改良和嫁接杂交，它兼具丁香橄榄、茶滘榄、汕头白榄等优良品种的优点，因而形成了独特的青岚橄榄品类。其果皮滑而薄，色青绿带蜡黄，肉厚爽脆，食后清香回甘，无涩味。

(5) 樟溪龙眼。樟溪种植的龙眼，品类繁多，以草铺、石硖、福眼等优稀名种为主，并已形成连片果林基地，分布在全镇各村庄，面积多达3 000 千亩。

（6）魏厝楼无花果。无花果，又俗称“香雾”，学名洋蒲桃，是一种花果同体的果树，果实形似秤锭，皮色红里透白。色调鲜艳，肉脆汁多，口味清爽，微含芳香，当果熟挂枝时，红果绿叶，娇嫩欲滴，令人赏心悦目。

依托以上的水果基地，饶平主要强调绿色水果，因此在种植、采摘、包装、运输、销售过程中要注意采用绿色环保技术。同时，举办“杨梅节”“橄榄节”“无花果节”及其他绿色农产品尝鲜活动以吸引游客。

### 7.3.4　特色小吃系列

特色小吃反映了一个地区的饮食文化，潮汕地区特色小吃众多，闽粤小吃馆可以汇聚粤东和闽南的小吃，打造富有闽粤特色的饮食文化。饶平可开发的特色小吃众多，如蚝仔烙、肖米、青粿、无米粿、虾饼、五香花生、石花糕、山枣糕、高堂菜脯等。而近年挖掘的民间小吃“土窑鸡”，芳香四溢，鸡肉鲜嫩口感好，还可开发成真空包装，方便外地游客外带购买。值得一提的是，饶平有两个颇具特色的饼种：其一为宝斗饼，正方体造型，全国独一无二，其烘焙工艺和口感质量均令人赞叹不已；其二为鹿饼，因其造型似鹿角而得名，采用最原始的发酵方法，柔软，入口即化，经常吃能帮助消化，增强食欲。

### 7.3.5　其他土特产系列

（1）岭头单丛茶，素有“白叶仙子”之美称，是乌龙茶中的极品。它能提神益思、生津止渴、消滞去腻、减肥美容，对人体有特殊的保健作用。岭头单丛茶叶所含的硒元素大大超过了其他品种的茶叶，对人体防癌抗癌有特殊作用。应把单丛茶作为旅游品牌商品，研制开发一系列的茶产品（如美容型、健康型、药用型等），增加茶产品的科技含量。游客在购买茶叶的过程中，可以品茶，可以观看制作过程。

（2）饶平香米，米体圆饱而光亮，有“珠米桂香”之美称。

（3）饶平乌猪，属优质肉猪。

（4）浮滨狮头鹅，是我国唯一的大型肉用鹅种，因前额和颊侧肉瘤发达呈狮头状而得名。

（5）饶平沙姜，肉厚、色鲜、味美，根茎可作药用，温中散寒，行气止痛，除湿辟秽。

以上土特产均为具有地方特色的绿色产品，均可以通过加工包装形成自己的品牌系列，方便游客购买，活跃旅游商品市场，增加农民收入。此外，农家放养的家禽，既可以让游客自己到园中捕捉，也可以向游客或某些餐馆、酒店直接出售，满足人们对土鹅土鸡等野生家禽的需求。

### 7.3.6 陶瓷系列

潮州被誉为“中国瓷都”，现成为中国最大的工艺美术瓷和日用瓷的生产和出口基地，卫生洁具生产基地。潮州陶瓷（含饶平陶瓷）历史悠久，为方便游客购买特色陶瓷产品，旅游景区也应提供一些陶瓷产品。但开发陶瓷旅游商品，在设计上应考虑美观、实用、具有纪念价值并方便游客携带。

## 7.4 旅游营销策略

### 7.4.1 旅游形象塑造

旅游形象是游客对旅游目的地资源特色、品位和旅游服务条件等要素的综合感知印象。统一、特色鲜明的旅游目的地形象不仅对传播旅游目的地信息、扩大旅游目的地知名度具有重要的意义，而且对吸引游客，提高旅游目的地在客源市场的竞争力具有重要的作用。因此，旅游形象的策划、塑造、推广与管理越来越受到重视。

根据风景区旅游资源分析和发展目标分析以及客源市场分析，石壁山风景区的旅游形象塑造分两步走。

1. 近期

（1）旅游形象定位：闽粤休闲驿站。

（2）旅游主题形象设计：①奇山、怪石、古寺、老泉、丽湖；②闽粤休闲胜地；③绿色海产土产，汇聚饶平石壁山。

2. 中远期

（1）旅游形象定位：闽粤主题拓展旅游基地。

（2）旅游主题形象设计：①闽粤石壁山，拓展新体验；②捷足登石壁，拓展显魅力；③激情体验，价值展现，专业拓展，助你发展。

### 7.4.2 产品组合

1. 产品现状

石壁山风景区的旅游资源类型比较丰富，山、石、寺、泉、湖等类型均有涉及，但由于后期开发投入不足，许多景点开发处于初级阶段，景点规模小，旅游产品缺乏个性，旅游吸引力不足，旅游产品更谈不上产品组合了。

2. 旅游产品结构

（1）旅游产品特色定位："探宝"拓展旅游及闽粤休闲、特色商品购物旅游目的地。

（2）旅游品牌产品：海底（水底）探宝游、洞穴探宝游、古墓探宝游、森林探宝游、迷宫探宝游。

（3）旅游重要产品：虚拟探宝游、特色商品购物、全国寻宝网络游戏大赛、尝鲜品果（海鲜、绿色农产品）绿色体验游。

（4）旅游配套产品：风景区观光游、宗教朝觐游、民俗文化之旅、历史文化之旅。

3. 旅游产品组合设计

一个区域的旅游产品内涵所具有的广度、长度与深度构成了该区域旅游产品的组合。在组合内，旅游产品可根据市场需求推出一个又一个的组合产品，形成市场卖点。旅游产品组合由区域内所有可提供给游客的产品线路和产品项目组成。旅游产品组合及旅游线路设计要求旅游活动内容丰富、齐全，形成一次完整的旅游经历；针对目标客源市场游客的需求特征，组合旅游产品；针对目标客源市场游客的需求差异，随时组合成任何一种类型的旅游产品；组合连线，批量购买，产品的价格相对低廉。

（1）近期主要推出的旅游产品线路组合。

①文化观光之旅。

主要目标市场：潮汕三市的游客。

依托产品：雷音寺；涑玉泉；饶平名人纪念馆；纳海楼；奇石岩壁；牌坊；民俗文化广场。

产品组合：雷音寺礼佛；赏奇石岩壁；登高观海景（纳海楼远眺）；观古泉；观名人纪念馆，听名人故事；观看或参与民俗表演（布马舞）；购买客家旅游商品。

②生态休闲之旅。

主要目标市场：潮汕三市及粤东周边的游客。

依托产品：丽泽湖；涑玉泉茶艺馆；荔枝林；民俗植物园；闽粤小吃馆；粤首街。

产品组合：丽泽湖水上娱乐；品尝荔枝；品尝饶平海鲜；品尝闽粤小吃；饶平绿色土特产；品岭头单丛茶。

③石壁山绿色水果之旅。

主要目标市场：潮汕三市及粤东周边的游客。

依托产品：石壁山杨梅、蕉柑、荔枝、橄榄、龙眼、无花果等一系列赏果会；观光休闲；绿色水果购买。

（2）中远期重点推出的旅游产品线路组合。

①休闲体验、主题拓展。

主要目标市场：全省乃至全国各地的游客。

依托产品：探宝主题拓展基地；涑玉泉茶艺馆；闽粤小吃馆；粤首街；丽泽湖；寻宝节；布马舞民俗文化节；全国寻宝网络游戏大赛。

产品组合：海底（水底）探宝、洞穴探宝、古墓探宝、森林探宝、迷宫探宝系列体验型主题拓展活动；虚拟探宝；粤首街淘宝；观看布马舞；品尝海鲜、小吃、绿色农产品。

②闽粤企业拓展旅游基地。

③闽粤青少年拓展旅游基地。

④闽粤旅游特色商品生产基地。

### 7.4.3 促销

1. 促销策略

（1）近期以“绿色海产土产，汇聚饶平石壁山”为主题，打造休闲生态的旅游形象；中远期以“神秘宝藏”为突破口，树立“闽粤主题拓展旅游基地”的独特旅游形象。

（2）编制宣传画、宣传册、导游册、地图、指南等宣传材料。

（3）在旅游开发领导小组管辖下建立一支强有力的促销队伍，并对该队伍进行经常性的培训，使其能够很快反馈客源市场的信息，对市场的变化作出及时的反应。

（4）开发高产出的高效益市场，增加游客的逗留时间，不要追求接待游客的绝对数量，而应在每个游客的消费值上下功夫。

（5）根据规划推出几个主题节事活动，以提高石壁山的知名度，吸引人流。

（6）开发具有地方特色的旅游商品。

（7）加大宣传促销投入的力度。

2. 促销方案

（1）定期组织潮汕三市、广东省、福建省及周边省份的旅游刊物记者、生活杂志记者、报刊的旅游栏目记者和文化栏目记者、电视旅游专栏记者进行实地考察，通过间接的广告宣传扩大影响。

（2）组织民间艺术、历史学家采风团，以艺术、文化形式进行宣传促销。

（3）与市旅游局保持密切的联系，在旅游局向客源市场促销时，进入其促销网络，特别是市旅游局在邀请这些地区的旅游公司进行考察和访问时，将石壁山列入目的地之一。

（4）印制各类宣传材料，用于招商引资和旅游促销，所需宣传材料如下：①石壁山宣传画册：对石壁山的优惠政策、基础设施、区位条件、投资环境、历史文化、民俗文化作全面介绍，并对引资项目、投入产出等作全面分析。②石壁山导游图。③单页游览介绍。④石壁山导游手册。⑤专用促销的材料：与电视台合作制作专题片、景点介绍的光盘、石壁山互联网主页。

（5）与旅游搜索网站、旅游专业网站、旅游政府部门网站、各旅游景区网站相互链接，进行网上宣传，并进行网上销售。

（6）开发以石壁山风景区为背景的寻宝网络游戏，进行虚拟体验促销。

（7）广告宣传：广告一定要选择目标客源地收视率高的媒体，在精选的刊物和广播电视时段上播放风景名胜的游记、散文和其他评论文章，也可将这些文章收集成册出版发行，收到的广告效应会更大。

（8）以石壁山为拍摄地，以文天祥抗元为故事背景，以“神秘宝藏”为线索，拍摄一部电影，可达到一定的宣传效果。

（9）节事促销：举办几个大型的节事活动，如“宝藏文化节”“寻宝节”“全国寻宝网络游戏大赛”“荔枝节”“尝鲜（海鲜、绿色农产品）活动”“布马舞民俗文化节”。

（10）联合促销：在各旅游酒店、旅游餐饮服务点、旅游交通（如公交车、火车、飞机）上播放石壁山广告，或者发放旅游宣传单、旅游指南、旅游服务手册等。

3. 促销价格策略

在旅游营销中合理利用价格策略，可以招揽和吸引更多的游客，提高市场占有率，有效调整游客的流向、流量，提高旅游服务设施的利用率和服务质量，对旅游资源以及环境进行保护。常用的促销价格策略主要有：

（1）对团队（团体）游客与零散游客实行不同价格。

（2）对旅游旺季与旅游淡季实行不同价格。

（3）对节日、假日、周末与平日旅游实行不同价格。

（4）对预定购买与现场购买实行不同价格。

（5）对购买月票、年票的游客实行优惠价格。

（6）对老客户、回头游客、会员游客实行优惠价格。

（7）对特定游客群体在特定时间实行优惠价格，如 3 月 8 日对妇女、5 月 4 日对共青团员、6 月 1 日对少年儿童、8 月 1 日对解放军及武警官兵、9 月 10 日对人民教师、“九九重阳节”对 60 岁以上的老年游客等实行优惠价格。

（8）对 70 岁以上的老年游客，旅游区（点）实行免票或优惠购票。

# 8 风景区旅游设施

## 8.1 旅游服务设施

### 8.1.1 服务设施现状

旅游服务设施是指为旅游者的游憩、观光以外的活动提供服务所需凭借的物质条件。石壁山风景区现有旅游服务基础设施很不完善，在餐饮方面，除去零星的乱摆乱搭的茶座摊位，没有供游人就餐的良好环境；在住宿方面，风景区内缺少住宿设施；在购物方面，也仅有临时搭建的少量非规范摊位，所售商品种类极少；除此之外，风景区内几乎没有其他服务设施，如电话亭、导游标志、医疗服务场所等。

### 8.1.2 服务设施建设原则

1. 以人为本原则

建设旅游服务设施应从人的行为、心理、视觉出发，满足人们对服务设施多方位、多层次的需要；注意环境空间的组织和环境设施的安排；以人的视觉、触觉以及由此引起的心理感受为参照，创造优质的环境，突出功能性和安全性。

2. 层次性原则

建设旅游服务设施要注意层次性，既要满足高层次消费者的需求，更要重视大多数游客目前消费水平还较低的情况。

3. 与环境相协调原则

不论何种功能的设施，其建设布局都应以保护生态环境和不造成环境污染为前提。服务设施的建设要与周边自然风景相协调，既体现山林野趣，又做到舒适、洁净、雅致。

4. 特色原则

特色是一个风景区与众不同之处，也是吸引游客之处。风景区服务设施的设置既要考虑满足游客的一般需求，又要凸显特色。

5. 经济可行原则

配套设施的选择不仅要符合投资能力，以取得较好的经济效益，同时还要考虑它的日常维护费用。

6. 与旅游区性质和功能相一致原则

服务设施的设置不能与旅游区性质和规划原则相违背，必须按照规划确定的功能与规模来设置。设施的配套要满足使用要求，既不能配套不周全，造成旅游区在使用上的不便，也不能盲目配套，造成浪费。

### 8.1.3 住宿设施规划

目前风景区住宿设施尚未开发，在近期规划中，住宿设施暂时不列入建设项目，游客可安排在镇上的其他住宿设施；在中期规划中，拓展旅游项目的开展需要配套相应的住宿设施；在远期规划中，为了达到国家AAAA级风景区的目标，住宿设施的建设更是必不可少的。

1. 床位规模策划

采用公式：

$$C = R \times r / T / K$$

式中：$C$ 为平均每天停留游客对床位的需求量；$R$ 为年客流量（近期末120万人次，中期末160万人次，远期末180万人次）；$r$ 为住宿比例，取20%；$T$ 为床位利用率，按75%计算；$K$ 为年旅游适宜天数，除去灾害性天气和酷暑天气，按300天计算。

根据公式计算各规划期末旅游住宿接待所需床位数，如表8－1所示：

**表8－1 床位数预测表**

| 规模 | 近期（2020年） | 中期（2025年） | 远期（2030年） |
| --- | --- | --- | --- |
| 游客规模（万人次） | 120 | 160 | 180 |
| 床位数（个） | 1 067 | 1 422 | 1 600 |

2. 床位分布情况

表 8－2 床位分布表

| 位置 | 近期（2020 年） | | 中期（2025 年） | | 远期（2030 年） | |
|---|---|---|---|---|---|---|
| | 比重（%） | 床位数（个） | 比重（%） | 床位数（个） | 比重（%） | 床位数（个） |
| 黄冈镇上 | 100 | 1 067 | 70 | 995.4 | 40 | 640 |
| 核心保护区 | | | | | | |
| 文化与综合服务区 | | | | | | |
| 游乐度假区 | | | 30 | 426.6 | 40 | 640 |
| 森林探险区 | | | | | 20 | 320 |
| 合计 | 100 | 1 067 | 100 | 1 422 | 100 | 1 600 |

### 8.1.4 餐饮设施规划

按照近期规划，石壁山风景区将在商业服务区设置闽粤小吃馆和斋菜馆，并将拆除核心景区中多处临时搭建的茶座，设置涑玉泉茶艺馆进行统一管理；中远期将在游乐度假区以及森林探险区配套相应的餐饮设施。

1. 餐饮规模预测

采用公式：

$$A = R \times B/T/K$$

式中：$A$ 为平均每天游客对餐位的需求量（座位）；$R$ 为年客流量（近期末 120 万人次，中期末 160 万人次，远期末 180 万人次）；$B$ 为游客就餐率，取 50%；$T$ 为餐座周转率，取 2；$K$ 为年旅游适宜天数，除去灾害性天气和酷暑天气，按 300 天计算。

根据公式计算各规划期末旅游餐位服务所需餐位，如表 8－3 所示：

表 8－3 餐位预测表

| 规模 | 近期（2020 年） | 中期（2025 年） | 远期（2030 年） |
|---|---|---|---|
| 游人规模（万人次） | 120 | 160 | 180 |
| 餐位数（个） | 1 000 | 1 333 | 1 500 |

2. 餐位分布情况

表 8－4 餐位分布表

| 位置 | 近期（2020 年） | | 中期（2025 年） | | 远期（2030 年） | |
|---|---|---|---|---|---|---|
| | 比重（%） | 餐位数（个） | 比重（%） | 餐位数（个） | 比重（%） | 餐位数（个） |
| 黄冈镇上 | 20 | 200 | 15 | 199.95 | 10 | 150 |
| 核心保护区 | 15 | 150 | 15 | 199.95 | 15 | 225 |
| 文化与综合服务区 | 60 | 600 | 45 | 599.85 | 45 | 675 |
| 游乐度假区 | | | 20 | 266.6 | 20 | 300 |
| 森林探险区 | | | | | 5 | 75 |
| 流动餐车 | 5 | 50 | 5 | 66.65 | 5 | 75 |
| 合计 | 100 | 1 000 | 100 | 1 333 | 100 | 1 500 |

### 8.1.5 其他公共服务设施规划

1. 识别系统

依据我国交通道路法规的相关要求，设立相应的交通安全与指示标志。前期规划在牌坊入口处、售票处、纳海楼设置风景区导游图；在风景区内道路分叉处设置路标；在功能区、景点、景物、游径端点和险要地段设置明显的导游标志。导游标志应采取中、英两种文字说明，动、植物标志要用中文和拉丁文说明。

2. 信息系统

前期规划在牌坊入口处设置电子信息显示屏，起到欢迎游客与介绍风景区的作用；邮筒、报亭与阅报栏也应考虑适量设置。

3. 商业与金融服务系统

在核心景区山路沿途可设置2～3个食品与饮料店铺，并纳入风景区的总体管理；店铺造型可为亭式小木屋，美观、古朴，与风景区周边环境相协调。同时，在风景区内可考虑设置5～6台自动售货装置。考虑到风景区创收需要，可在人流密集的地点设置广告牌位，广告牌位也应与周边环境相协调。为方便游客取款消费，可于商品街（粤首街）设置两个银行ATM机。

4. 环卫系统

前期规划于牌坊左侧停车场、民俗植物园、丽泽湖、售票处等七处场所设置公厕；厕所的建筑造型、色彩和格调要与周围环境相一致；要保持厕所的清洁，并逐步形成高星级公厕。各景点沿途每50米左右设置街椅1～2只，街椅长度不宜超过1.5米。在街椅附近及风景区游览沿途设置分类回收垃圾桶，便于游客处理垃圾，保护风景区卫生环境。

5. 无障碍系统

为践行风景区“以人为本”的规划原则，体现人文关怀，应在粤首街、各步行道、公厕等建筑以及交通系统中设置供残疾人使用的相关设备。例如残疾人专用厕位、盲道等。

6. 其他

由于核心景区林木茂盛，因此应依据相关的消防法规，配套设置数量充足、位置合理的消防设备、设施，消除火灾隐患。此外，还规划在管理处和服务中心各设置一个旅客应急服务中心，用于突发事件处理和医疗保健；保健中心应与当地医院签订医疗救护协议。

## 8.2 基础设施规划

### 8.2.1 旅游交通规划

1. 旅游交通现状

饶平县位于闽南金三角（厦门、漳州、泉州）与粤东金三角（汕头、潮州、揭阳）的汇合点，是闽粤交通的交汇处。

饶平县海陆交通四通八达，是从广东到福建的必经之路，其中 324 国道、汕汾高速、漳诏高速包围着饶平县的县城黄冈，具有良好的对外交通条件，可以将其作为广东与福建两省的交通中转站来发展省际旅游。

风景区可进入性强，有南北向两条公路从风景区内通过。一条从饶平师范实验中学绕牌坊，经过风景区中部通往联饶东南一带（简称中线道路），现为四级公路；另一条从上林村绕冬瓜山北上至鸡央埔方向（简称西线道路），现为乡道土路。但由于风景区旁边有墓园存在，目前不时有火葬场的车辆进入风景区主干道，严重影响到风景区的形象。区内的交通也处于待开发阶段。

2. 旅游交通规划

（1）区际交通规划。

石壁山风景区位于饶平县城黄冈镇城北 1 公里处，外部交通网络尚可，基本能够满足景区对外交通的需要。中线干道以双向两车道为宜，应禁止墓园的相关车辆再借道景区干道。同时，依照县城总体规划，连接拥军路的西线干道，确定路面宽度为 20 米，规划为双向四车道路面，此干道已完全可以满足区级的交通需求。

（2）风景区内部交通规划。

石壁山风景区处于尚待开发阶段，交通状况较混乱，除了核心功能区，内部交通道路基本没有形成，近期规划要点包括：

第一，修缮并扩充从牌坊途经风景区大门通往联饶的中部干道的路面和两侧绿化。规划路面宽度 12 米，双向两车道。

第二，旅游商品街路面宽度应以 6 米左右为宜，交通要道与枢纽地带以 7 ~ 8 米为宜，两侧应美化。粤首街与中部干道重合部分应着重建设好铺面前面的步行街。

第三，做好电瓶车道的建设，规划路面宽度 6 米，双向两车道。除中部干线外，前期要修缮好核心保护区后山到服务站的山道。中后期随着风景区范围的扩大，再配套建好通往西北的拓展训练基地和东北的野营地的电瓶车道。

第四，核心景区内部交通方式基本上以游步道和台阶为主，游步道宽度应为 1.5 ~ 2 米，交通要道与枢纽地带以 3 ~ 4 米为宜，两侧应绿化、美化。山道台阶需在原有的基础上进行修缮。同时，修缮丽泽湖沿湖的游步道。

第五，为不影响饶平二中的正常教学，支持教育事业的发展，应将饶平二中校门及围墙内移4～6米，内移区域用绿化带隔开，起到美化和隔音的作用。

（3）道路断面规划。

①主干道：连接拥军路的西线主干道路宽为20米，双向四车道。单向分布依次为树木绿化、人行道、路灯、双车道、中间绿化隔离带。双向设施对应。

②电瓶车道：穿过风景区的中部干道路宽为12米，双向两车道。单向分布依次为步行街、路灯、单车道。双向设施对应。

### 8.2.2 停车场规划

近期规划为风景区设置一处大型停车场，位于牌坊入口处左侧，能提供100个停车位，其中大型车、中小型车各占50个车位。停车场除作为车辆停泊场地之外，还能提供洗车、快速餐饮、旅游咨询、小商品销售等多项服务。修建停车场所用材料应选用当地自然材料，使得停车场与周边景观环境协调。另外考虑方便当地居民的健身休闲，应设置一个非机动车的停车棚。

### 8.2.3 给排水规划

1. 规划依据、原则

给排水规划的依据、原则主要有以下法规及标准：《中华人民共和国环境保护法》《中华人民共和国水法》《中华人民共和国水污染防治法》《生活饮用水卫生标准（GB 5749—85）》《污水综合排放标准（GB 8978—1996）》《地表水环境质量标准（GB 3838—2002）》《生活杂用水水质标准（CJ 25.1—89）》。

2. 给水工程

（1）用水量。

目前风景区从牌坊至收费处，使用自来水及地下水；从收费处至纳海楼，没有铺设相应的自来水管道，只能使用极其有限的山泉水。由于风景区距黄冈镇中心镇区不远，鉴于黄冈镇目前用水状况相对宽裕，为满足风景区发展的需要，应从镇区铺设相应的自来水管道到达风景区。

用水量标准根据中华人民共和国国家标准《风景名胜区规划规范（GB 50298—1999）》确定。根据规划，旅馆的高中低档床位数按1∶6∶3的比例计算。参照国内其他旅游景点的常规做法，旅游基础设施建设最高日游人数是平均日游人数的2倍，所以给水设施均按此标准计算（旅馆床位数计算中除去在黄冈镇中心镇区住宿的游客）。

表8-5 用水量统计表

| 项目 | 用水量标准（升/人·日） | 规划近期 | | 规划中期 | | 规划远期 | |
|---|---|---|---|---|---|---|---|
| | | 用水人数（人） | 用水量（立方米） | 用水人数（人） | 用水量（立方米） | 用水人数（人） | 用水量（立方米） |
| 游客 | 30 | 6 000 | 180 | 8 666 | 260 | 10 666 | 320 |
| 高档旅馆 | 450 | | | 34.65 | 16 | 85.32 | 39 |
| 中档旅馆 | 300 | | | 207.9 | 63 | 511.92 | 154 |
| 低档旅馆 | 150 | | | 103.95 | 16 | 255.96 | 39 |
| 漏损量 | | | 60 | | 78 | | 96 |
| 总计 | | | 240 | | 433 | | 648 |

消防用水量根据中华人民共和国国家标准《建筑设计防火规范（GBJ 16—87）》中的有关规定计算。每一风景区同一时间的火灾数按一次计算，一次灭火用水量40升/秒，每次火灾延续时间按2小时计，则每次火灾用水量为288立方米。

在计算最高日用水量时，应考虑消防水池补水量为144立方米/日。

综上所述，规划近期的最高日用水量为384立方米/日，规划中期为577立方米/日，规划远期为792立方米/日。

（2）供水水质。

目前风景区用水的基本状况是牌坊至收费处，饮用自来水及地下水，水质良好；而从收费处至纳海楼，饮用山泉水，由于水中磷、铁等矿物质的含量过高，长期饮用对人身体会造成不良的影响。规划供水水质应符合现行的中华人民共和国国家标准《生活饮用水卫生标准（GB 5749—85）》。应对现有深井的出水水质进行化验检测，符合《生活饮用水卫生标准（GB 5749—85）》并进行消毒处理后，方可供游客饮用。

（3）给水水压。

给水水压根据风景区建筑物高度确定，满足最不利点给水水压要求。发生火灾时应采用低压制消防给水系统，管道压力保证灭火时最不利点消火栓的水压不小于10米水柱（地面）。

3. 排水工程

（1）排水系统。

目前风景区内无任何污水排水沟渠，雨污合流，雨水和用后水皆直接排入人工湖，最终排入黄冈河。规划排水采用雨污分流制，生活污水采用污水管道排至污水处理设备，处理达标后方可排放。

（2）雨水排水。

目前风景区雨水排水通道较好，雨水可直接排入人工湖或黄冈河。

（3）污水排放与处理。

①污水量。

根据中华人民共和国国家标准《城市排水工程规划规范（GB 50318—2000）》,污水量根据城市综合生活用水量乘以城市综合生活污水排放系数确定。

按综合生活污水排放系数0.8计算，则规划近期的生活污水排放量为192立方米/日，规划中期为347立方米/日，规划远期为519立方米/日。

②污水系统。

生活污水的排放系统：生活污水→污水管道→污水处理设备→达标排放。

③污水处理。

污水必须达到《污水综合排放标准（GB 8978—1996）》一级标准（COD 60mg/LBOD 20mg/LSS 20mg/LPH 6 ~9）后排放，规划景区的生活污水必须达标排放，以免排入大海后造成海水污染，危及海洋渔业生态环境。

风景区内设一处小型污水处理站，处理工艺采用间歇式活性污泥法（SBR法）。处理工艺流程如下：

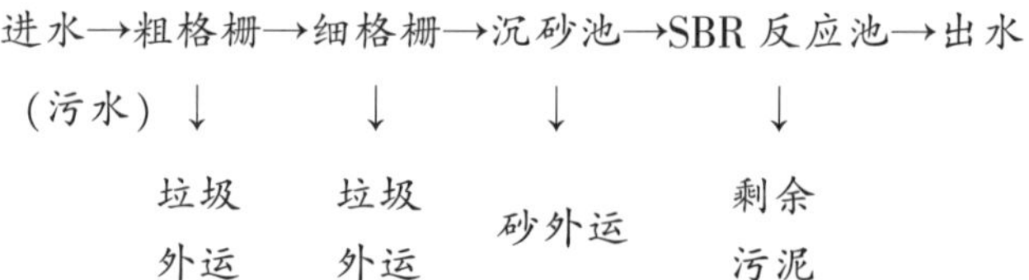


在规划远期，宾馆可设立中水系统，使进一步处理的生活污水达到《生活杂用水水质标准（CJ 25.1—89）》，用于洗车、冲厕所、浇洒绿地和

道路，达到环保节能的要求。

### 8.2.4 电力、通信设施规划

1. 电力设施规划

（1）规划的原则及依据。

电力设施规划应具备前瞻性，完善风景区供电系统，为风景区各项事业发展提供电力保障。应加强电力系统的可靠性，供电能力应留有余地。电力设施建设应注意与风景区环境相协调。采用的各项指标参照《风景名胜区规划规范（GB 50298—1999）》所确定的供电指标及国内各风景名胜旅游规划指标选用中限而定。

（2）供电设施现状。

供电系统正常，供电充足，供电源来自县城，与县城同步。

（3）规划内容。

供电负荷按住宿游客量估算。平均每个住宿游客需提供800瓦的供电负荷。应近、远期综合考虑，确保电力供应近期有所富余，为风景区跨越式发展提供条件，远期电力供应保证满足需求。风景区内全部输电网均采用地埋电缆的方式，在风景区外围可采用高压架空线。为了确保风景区电力供应的可靠性，风景区电网应在主要用电点间形成环状电网，使重点地区有两条供电接入线路，进入风景区的高低电力线路须走地下电力电缆。

2. 通信设施规划

由于风景区仅距黄冈镇1公里，电话和图文传真及互联网直达世界各地，移动电话信号已覆盖全镇，通信畅通，但管理仍不够规范。近期规划风景区有线广播电视纳入县城有线广播电视网络，远期规划按情况购置GPS装置。

# 9　风景区旅游环境建设与保护

# 9.1 风景区的绿化规划

## 9.1.1 风景区绿化现状分析

风景区林木茂密，绿化总体较好。区内林相主要为人工营造的马尾松与台湾相思树的混交林，尤以台湾相思树长势最好，后期栽种的高山榕、柠檬桉等树种也长势良好。乡土树种有朴树、油桐、阴香、山柿、土蜜树、潺稿树等，但早期风景区林木保护不力，近期又因山地贮水能力较差、环境干燥，加上台湾相思树、桉树等外来树种的抑制，导致区内乡土乔灌木树种分布零星，生长不良。从整个风景区绿化看，主要问题是缺乏最能体现本区自然条件的乡土常绿阔叶树种，植物季相变化不明显，植物疏密搭配不尽合理，景观层次不够丰富。

## 9.1.2 规划指导思想和原则

1. 规划指导思想

风景区绿化近期先以核心游览区的绿化改造为重点，适当栽种树木花卉，形成乔木—灌木—草本园林植物群落。而对于以马尾松、台湾相思树为主的山林，要恢复原生植被也需数十年。近期可先适当疏伐台湾相思树，再因地制宜地栽种木棉树、凤凰木、山乌桕等；中期应使山林成为亮丽的风景林；远期完成对风景区全部面积7.5平方公里的绿化改造，形成优美的自然园林景观。

2. 规划指导原则

以石壁山风景区绿化现状为基础，根据地形地貌进行功能分区，对台地、坡地进行普遍绿化，改造原有绿化中景观效果差、养护难度高的植物配置，突出树种特色，丰富景观，提升风景区品位。

（1）亲人性。利用水之灵气，通过绿化调整，为市民提供功能、景观适宜的使用空间。

（2）层次性。利用地形变化及乔灌草栽植强化层次感，丰富林冠线。

（3）生态型。以绿量为主，丰富植被，强化树种特色，体现季相变化，加强植物生态建设，发挥区域环境的生态效益。

### 9.1.3 具体规划

绿化规划设计的总体布局是自然式布局，以原有绿化为基础，适当增加常绿树木、开花植物、季相变化明显的植物和攀缘植物，以组块绿化营造或疏或密的空间分隔，采用乔木、灌木、多年生草本植物等相结合，组成三五成丛、高低错落、疏密有致的自然园林群落，满足公众回归自然的需求和提高风景区生态效益。依据功能分区，相关改造意见如下：

1. 入口区绿化

入口区是风景区的大门，是游人较集中的地段，最能体现绿化特色。规划在属于风景区管理处管辖地段的牌坊入口处进行重点绿化，种植花卉、景观树种，装饰风景区门面，形成花园式入口。可适当栽种一些对环境条件敏感的植物，如对触动感应的含羞草、对音频感应的跳舞草、对光感应的时钟花等。

2. 道路绿化

道路绿化的主要功能是庇护和美化风景区交通游览环境。绿化规划要根据地形条件和景点、景观视线情况，灵活布置，形成亚热带道路绿化景观。绿化种植避免像城市道路绿化那样单调的成排成行种植方式，应自然种植，使绿化成组、成群、成林。

3. 主要游览区绿化

风景区内名胜古迹区、植物园区、佛林与纪念碑是核心景区，是风景区整体绿化的核心。根据四片功能区的不同特点，强调各片区绿化特色。

（1）名胜古迹区。现状植被较其他功能区好，形成具有一定观赏价值的主植物群落。在今后条件具备的情况下，可逐步改造一些景观条件较差的地区，调整树种，丰富林相。

（2）植物区。现状植被较差，规划选择以观赏树木为主，突出花卉特色，采用榕树、红棉、枫树、凤凰木、银叶树等树种，观赏花卉树种以杜鹃、月季、深山含笑、大头茶、九里香等观赏价值较高的树种为主。该区同时可以利用原有荔枝林地，扩大经济林木的种植。

（3）民俗植物园区。其一，规划拟建一个潮汕草药园。潮汕地区地处亚热带，植物资源丰富，药用植物资源甚多，可在此片区栽种具有潮汕地方特色的药用植物，如白花蛇舌草、和尚头草（蛇莓）、刺五加、马蓝（板蓝根）、山银花、黄连等；其二，划分一片区域，栽种与地方民俗相关的植物，如“大吉”（潮州柑）、“红花”（石榴）、“仙草”（小槐花）等与地方民俗相关的植物；其三，划出一片区域专门栽种香樟树和槐树，取其谐音“彰”“怀”，用以表彰和缅怀饶平各行业中有突出贡献的名人，形成浓厚的文化氛围；其四，划出一片区域专门栽种适于本区栽植的国花国树、市花市树，如韩国国花木槿花、老挝国花鸡蛋花、缅甸国花龙船花、古巴国树大王椰、马达加斯加国树凤凰木、中国国树银杏等。另外，开辟若干专园，如木兰园、桃园、桂园、菊园、月季园、杜鹃园、盆景园等特色园区，以便吸引游客前来观光游览。

（4）雷音寺附近景点。雷音寺具有浓厚的佛教色彩，因而应配置栽种那些与佛教密切相关的植物种类，如菩提树、无忧花、文殊兰、金凤花、人面子等。涑玉泉附近的朴树（古树）则应予以重点保护。

（5）佛林——“许愿林”。主要栽植菩提树，配栽一些与佛教密切相关的植物种类，如贝叶棕、文殊兰、金凤花、黄姜花等，供游客朝拜后许愿。

（6）纪念碑区。由于该区是纪念革命烈士之处和体现爱国主义精神的神圣之地，栽种的树木应是神圣庄严的，如塔松、木棉树、国庆花等。

（7）饶平二中校门区域。饶平二中位于风景区内，是饶平县唯一一所重点中学，是教书育人的重要场所。校门区域的绿化不仅可优化校园环境，更可陶冶情操，净化心灵。建议在校门两旁栽种南洋楹、凤凰木等叶子繁茂、树形美观的树种；再于两旁列置成排的木棉树；靠近学校内墙之处可栽种紫玉兰、白玉兰、桂花、蒲葵、散尾葵等植物；草坪可栽种台湾草、假俭草等生命力强、美观的草本植物。此片区域的绿化既有季相变化，又有花香怡人，可使校园充满生机，提升校园文化底蕴。

（8）饶平文化基地区域。这是风景区中文化品位较高的景点，除了基地前方荷花池种植荷花及垂柳外，两侧前方种植2~4棵大的香樟树及列植红花羊蹄甲。此外，基地东侧群栽白玉兰，西侧群植白兰花和桂花。

4. 坡面植被改造

改造目标“以优替劣”，营造多姿多彩的人工林，形成面向市区的亮丽风景区。其方法是逐步代替，保留原有的林下灌木、草本植物，适当疏伐台湾相思树，因地制宜地栽种木棉树、凤凰木、油桐、重阳木、饶平石楠、海红豆、枫香、复羽叶栾树、岭南槭、南酸枣、山乌桕、红背山麻杆、春花、映山红等。

## 9.2 风景区旅游安全设施规划

### 9.2.1 风景区旅游安全设施现状

风景区近年来甚少发生失窃事件，山道的危险地带也有一些护栏。但总体而言，目前安全设施不够齐备，表现在缺少各种安全警示标语、缺少森林防火措施、没有安装监控系统等。

### 9.2.2 风景区旅游安全设施规划

风景区内应设置必需的安全防护设施以保证游客的人身安全和财产安全，具体安全设施设置如下：

（1）风景区内应在显眼位置设置必要的指示牌、警示牌和风景区平面图标示牌等，可与导游指示标志融为一体，风格要符合风景区设计规范。

（2）风景区内游客较集中的核心景区和丽泽湖，是易发生跌落、淹溺、踩踏等人身事故的场所，均应设置护栏等安全防护措施；在风景区的水体区域应配备救生员；拓展运动场地和森林探险区域要有明确显眼的指示牌和警示牌。

（3）风景区内各主要位置应设置摄像监控器等安全监控设施，并配置专人进行管理；建立保安巡逻制度，以维护整个风景区的治安。

## 9.3 风景区环境治理规划

### 9.3.1 风景区环境治理现状

目前，风景区空气质量良好。风景区内总共有 2 辆垃圾车、8 名清洁工，牌坊至收费处以及 2 条登山石路由清洁工于每天早上固定清扫；纳海楼则是每 2 ~3 天清扫一次。但垃圾处理系统混乱，山上沿途没有设置垃圾桶，垃圾随处可见，且无固定的垃圾处理场。

### 9.3.2 旅游环境治理规划

旅游环境治理规划是旅游发展规划的重要内容，关注旅游资源保护、自然生态环境建设与恢复、文化保护。旅游资源是旅游业赖以生存和发展的基础。良好的环境和自然生态是旅游业实现可持续发展的基本条件，旅游开发破坏了环境，也就破坏了旅游业生存的基础。

（1）推行旅游景区垃圾的无害化、资源化、效益化；实现废弃物处置处理的分类化、减量化；对固体垃圾进行填埋处理。

（2）完善环卫设施配备，在风景区适当地点安放各类垃圾箱、设置垃圾站，近期将风景区内部的垃圾统一收集后运送到镇外的垃圾填埋场填埋。

（3）建设主要景点、景区和旅游服务设施的排水沟渠及配套工程，实行污水处理后排放等环保措施，禁止污水直接露天排放。对风景区中丽泽湖的水资源应予以特别重视，要采取相关有效的措施保护其水环境，严禁破坏。

（4）加强旅游景区景点厕所的建设与管理，厕所的建筑造型、色彩和格调也要与周围环境相一致，要保持厕所的清洁。

## 9.4 风景区人文景观保护规划

### 9.4.1 现状

文化是旅游的灵魂，只有真正把文化特色融入旅游中去，旅游业的发展才能长盛不衰。石壁山风景区现有人文景观景点包括始建于明嘉靖二十八年（1549）的雷音寺、县重点文物保护单位涑玉泉、建于 1991 年的纳海楼等。但保护现状不尽如人意，如雷音寺没有保留原有建筑面貌，寺内杂物乱堆乱放，破坏了原有的佛教文化气氛；涑玉泉泉水也因保护不当而枯竭；位于石壁山之巅的纳海楼墙壁被乱涂乱画等。

### 9.4.2 规划

1. 保护对象和目标

（1）保护对象。人类所创造出来的景观，是古代人类社会活动的历史遗迹和现代人类社会活动的产物，包括文物古迹、革命活动地点、现代经济、技术、文化、艺术、科学活动场所形成的景观、地区和民族的特殊人文景观，如石壁山风景区内的雷音寺、涞玉泉、纳海楼、炮台等。

（2）保护目标。从美学意义上说，人文景观不仅是风景名胜区规划中不可缺少的因素，而且是人们审美出“情”的主要对象，是一个风景区的灵魂所在。规划杜绝风景区内对人文景观的乱摆乱放乱涂乱画现象，充分开发和利用好这些资源，发挥人文景观资源在旅游业上的作用。

2. 规划指导思想和原则

（1）规划指导思想。每一个风景名胜区规划时都应把保持和发扬原有人文景观作为规划的指导思想，充分挖掘当地历史文化造就的人文景观和潜在景观，适当地应用到规划设计中，使其具有自己独到的地域风格和民族特色，加强特色研究，强化保护措施，加大管理力度。

（2）规划指导原则。①层次性原则。依据有关保护法规，对人文景观分层次、分等级进行保护和建设控制。②继承性原则。继承人文景观原有特色，采取保留的方式，对个别构件加以更换和修缮，修旧如旧，同时保证其内外部风貌都具有原真性。

3. 具体规划

（1）雷音寺。加强管理，保留原有建筑面貌，杜绝寺内杂物乱摆乱放现象，加强宣传雷音寺的佛教文化。

（2）涞玉泉。清除泉边的杂物，引用活水，使涞玉泉继续涌出“泉水”，并在旁边设置“对弈听泉”（或“品茗听泉”）石雕，规划出一块空地供游客上前观景。

（3）纳海楼。在翻新、保护的基础上，清理墙壁乱涂乱画痕迹。

# 10　投资估算与效益分析

按照规划的要求，石壁山风景区旅游项目的开发和服务设施的建设本着谁投资、谁受益的原则，向社会招标招商，吸引社会资金开发建设。而基础设施建设除了争取银行低息贷款外，主要应由潮州市、饶平县人民政府独立投资或同社会法人合作投资建设。旅游区具体建设任务可由旅游规划实施领导小组负责组织实施。

## 10.1 景点及旅游项目投资估算

### 10.1.1 建设项目投资估算

近期建设的景点及项目主要集中在旅游商品街、丽泽湖综合服务（一期）等项目上，近期项目投资估算见表 10－1，中、远期项目投资估算分别见表 10－2、表 10－3。

表 10－1 近期建设的景点及旅游项目投资估算表

| 项目名称 | 投资额（万元） | 建成时间（年） |
|---|---|---|
| 佛教人文文化区 | 200 | 2016 |
| 石雕博览区 | 200 | 2017 |
| 观景休憩区 | 100 | 2017 |
| 项目林相改造与绿化 | 500 | 2020 |
| 儿童游乐与民俗体验园 | 300 | 2019 |
| 民俗植物园 | 400 | 2018 |
| 饶平名人馆 | 500 | 2020 |
| 生态茶座区 | 200 | 2016 |
| 涑玉泉茶艺馆 | 200 | 2017 |
| 闽粤小吃馆 | 400 | 2017 |
| 旅游商品街 | 900 | 2017 |
| 丽泽湖综合服务区（一期） | 1 000 | 2020 |

（续上表）

| 项目名称 | 投资额（万元） | 建成时间（年） |
|---|---|---|
| 农家乐 | 200 | 2020 |
| 地下停车场（含健身广场） | 200 | 2017 |
| 合计 | 5 300 | |

**表 10－2　中期投资项目投资估算表**

| 项目名称 | 投资额（万元） | 建成时间（年） |
|---|---|---|
| 游乐度假区 | 2 000 | 2025 |
| 丽泽湖综合服务区（二期） | 2 000 | 2025 |
| 其他旅游休闲项目 | 500 | 2025 |
| 合计 | 4 500 | |

**表 10－3　远期投资项目投资估算表**

| 项目名称 | 投资额（万元） | 建成时间（年） |
|---|---|---|
| 森林探险区 | 2 000 | 2030 |
| 其他旅游休闲项目 | 500 | 2030 |
| 合计 | 2 500 | |

### 10.1.2　道路交通及基础设施投资估算

近期需要建设的道路交通设施和基础设施主要包括风景区干道、部分游步道、给排水、供电、电信、广播电视、消防、交通、环卫、绿化等初期建设。近期道路交通及基础设施投资估算见表 10－4，中、远期道路交通及基础设施投资估算分别见表 10－5、表 10－6。

表 10－4 近期道路交通及基础设施投资估算表

| 项目 | 给水 | 排水 | 供电 | 电信 | 广播电视 | 消防 | 交通 | 环卫 | 绿化 | 合计 |
|---|---|---|---|---|---|---|---|---|---|---|
| 投资估算（万元） | 100 | 50 | 100 | 50 | 50 | 50 | 150 | 100 | 500 | 1 150 |

表 10－5 中期道路交通及基础设施投资估算表

| 项目 | 给水 | 排水 | 供电 | 电信 | 广播电视 | 消防 | 交通 | 环卫 | 绿化 | 合计 |
|---|---|---|---|---|---|---|---|---|---|---|
| 投资估算（万元） | 150 | 50 | 150 | 50 | 50 | 50 | 150 | 100 | 500 | 1 250 |

表 10－6 远期道路交通及基础设施投资估算表

| 项目 | 给水 | 排水 | 供电 | 电信 | 广播电视 | 消防 | 交通 | 环卫 | 绿化 | 合计 |
|---|---|---|---|---|---|---|---|---|---|---|
| 投资估算（万元） | 100 | 50 | 100 | 50 | 50 | 50 | 150 | 100 | 500 | 1 150 |

### 10.1.3 不可预见费用

各期投资不可预见费用按以上两项投资总额的10%计算，则：
近期不可预见费＝（5 300＋1 150）×10%＝645 万元；
中期不可预见费＝（4 500＋1 250）×10%＝575 万元；
远期不可预见费＝（2 500＋1 150）×10%＝365 万元。

### 10.1.4 总投资估算

近期项目总投资为以上近期项目投资、道路交通及基础设施投资、不可预见费用三项之和，即 5 300＋1 150＋645＝7 095 万元；

中期项目总投资为以上中期项目投资、道路交通及基础设施投资、不可预见费用三项之和，即 4 500＋1 250＋575＝6 325 万元；

远期项目总投资为以上远期项目投资、道路交通及基础设施投资、不可预见费用三项之和，即 2 500＋1 150＋365＝4 015 万元。

## 10.2 经济效益分析

根据第四章中的游客量预测，综合考虑各种因素，以进入风景区实际消费的有效游览人数为准进行保守估算（见表10－7）。

**表10－7 风景区年有效游客量预测表**

| 年份 | 2016—2020年平均 | 2021—2025年平均 | 2026—2030年平均 |
|---|---|---|---|
| 游客量（万人次） | 45 | 65 | 80 |

### 10.2.1 近期经济效益分析

2016—2020年5年间，预测石壁山风景区总有效游客量为225万人次。风景区消费为65元/人，近期风景区旅游销售总收入达到14 625万元（按现价计算，见表10－8）。

**表10－8 2016—2020年风景区旅游销售总收入**

| 收入类别 | 单价（元/人次） | 近期总收入（万元） |
|---|---|---|
| 门票收入 | 10 | 2 250 |
| 景区购物 | 15 | 3 375 |
| 餐饮收入 | 20 | 4 500 |
| 客运收入 | 5 | 1 125 |
| 其他收入 | 15 | 3 375 |
| 合计 | 65 | 14 625 |

从总体上分析，按旅游业一般规划，除去项目投资及基础设施折旧、营业成本、营业费用、管理费用、税收等各项成本支出，旅游业的综合利润率一般可达40%以上。按保守估算，利润率为营业总收入的30%，则到

2020 年，风景区旅游业净利润总额 = 14 625 × 30% = 4 387.5（万元）；按 8% 的营业税估算，可以创税 1 170 万元。

投资项目除可以收回近期投入 7 095 万元外，还有较好的风景区整体经营效益。

### 10.2.2 中期经济效益分析

2021—2025 年 5 年间，预测石壁山风景区总有效游客量为 325 万人次。风景区消费为 75 元/人，中期风景区旅游销售总收入达到 24 375 万元（按现价计算，见表 10－9）。

**表 10－9 2021—2025 年风景区旅游销售总收入**

| 收入类别 | 单价（元/人次） | 近期总收入（万元） |
| --- | --- | --- |
| 门票收入 | 10 | 3 250 |
| 景区购物 | 15 | 4 875 |
| 餐饮收入 | 20 | 6 500 |
| 客运收入 | 5 | 1 625 |
| 其他收入 | 25 | 8 125 |
| 合计 | 75 | 24 375 |

从总体上分析，按保守估算，综合利润率为营业总收入的 30%，则到 2025 年，风景区旅游业净利润总额 = 24 375 × 30% = 7312.5（万元）；按 8% 的营业税估算，可以创税 1 950 万元。

投资项目除可收回中期投入 6 325 万元外，风景区整体经营效益更好。

### 10.2.3 远期经济效益分析

2026—2030 年 5 年间，预测石壁山风景区总有效游客量为 400 万人次。为景区消费为 85 元/人，远期风景区旅游销售总收入达到 34 000 万元（按现价计算，见表 10－10）。

表 10－10 2026—2030 年风景区旅游销售总收入

| 收入类别 | 单价（元/人次） | 近期总收入（万元） |
| --- | --- | --- |
| 门票收入 | 10 | 4 000 |
| 景区购物 | 15 | 6 000 |
| 餐饮收入 | 20 | 8 000 |
| 客运收入 | 5 | 2 000 |
| 其他收入 | 35 | 14 000 |
| 合计 | 85 | 34 000 |

从总体上分析，按保守估算，综合利润率为营业总收入的 30%，则到 2030 年，风景区旅游业净利润总额 = 34 000 × 30% = 10 200（万元）；按 8% 的营业税估算，可以创税 2 720 万元。

投资项目除可收回远期投入 4 015 万元外，风景区整体经营效益不断提高。

总的来看，石壁山风景区的经济效益较理想，投资回报较为满意。

## 10.3 社会效益分析

石壁山风景区的效益不仅体现在经济方面，而且体现出明显的社会效益。拟从五个方面分别评述：

### 10.3.1 提供社会就业机会

统计资料表明，旅游业直接就业 1 人，将给社会提供 5 人的就业机会。风景区规划编制 300 人，将给社会上 1 500 人带来就业机会。其创造的直接就业机会包括风景区管理、大型服务设施、环境卫生、邮电营业、交通客运、景点经营等多方面的就业机会。间接就业机会包括旅游纪念品的经营、自办饮食住宿接待服务、私人搬运、私营电信服务点等。通过各种旅游相关产品的开发经营，提供相当数量的比较好的就业机会，将有助于解决当地剩余劳动力的转移安置问题，也有利于推动当地经济的发展，同时对促进当地社会长期稳定，也将起到积极的推动作用。

### 10.3.2 改善当地财政状况

风景区的建立为建立横向经济联系创造了条件。旅游具有组织四面八方大规模人流的特点，人流必然会带来物流、商流、信息流等，通过“旅游引路”扩大对外开放程度，与外界建立广泛的横向经济联系，引进人才、资金、技术和设备，推动当地农工商各业瞄准市场而发展。它不仅能带动交通运输、邮电通信、文化娱乐、商业等一些与旅游业直接相关的行业发展，而且能促进一批围绕旅游的地方工业产品、工艺品和旅游食品的生产，以及为旅游服务业提供原材料的种植业、养殖业等农副产品的生产。石壁山风景区在2016—2030年期间将可直接创税5 840万元；而据有关部门统计资料，旅游每收入1元，将给国民经济相关行业带来3.8元的社会总产值增值效应。15年间风景区总收入将达73 000万元，即使保守地按3.0元计算，也将给相关行业带来219 000万元的社会总产值增值。这将为当地提供比较充足的税源，将大幅度改善当地财政状况。

### 10.3.3 满足人民文化旅游的需求

随着我国经济水平的快速发展，人民的可支配收入越来越多。加之双休日和黄金周的施行，劳动者的闲暇时间相当充裕，于是户外旅游成为当代人民广泛的活动需求。旅游可以消除工作所带来的疲劳，可以体验不同的地域文化和自然风光，同时也可以获得与其他人一起交流旅游体验的机会。

### 10.3.4 有利于提高当地的知名度

石壁山风景区能吸引相当数量的外地游客，将直接促进当地和外地的地域文化交流和信息传递。游客在休闲度假和游览观光中，将与当地民众有较多的接触，从而使双方的文化和思想观念得以交流。尤其是外地游客，将会带来不同的文化、习惯和生活方式，使本地区对外联系的窗口更为广阔，提高本地区的知名度。

### 10.3.5 有助于提高民众的素质

自然风光与人文景观是宝贵的财富。游客在休闲度假旅游活动中不知不觉地接受了自然环境和历史文化的熏陶，从而陶冶了情操，增进了对生态环境和历史文化的尊重，促进了文化素质和美学素质以及环境保护意识的提高。

## 10.4 环境效益分析

对资源和环境的保护，其效益是长远的。这个效益的好坏将直接影响着资源是否能够持续发展下去。石壁山风景区每年都要在风景区的资源、环境保护上投入大笔资金，这部分资金是为改善风景区环境或治理环境所进行的投资。这部分投资带来的效益就是资源接待能力和环境承载能力的增强，以及风景区发展空间的增大。山壁山风景区为了保护资源和环境，将制定一系列的规章制度，这些规章制度将会为风景区资源、环境保护的实现起到监督作用。这些制度和措施包括风景区景观保护措施制度、风景区生态保护措施、废弃物管理制度、消防安全制度、风景区森林防火警示、危害性农药化肥管理制度、游览须知等。这些制度和措施的实现将对风景区的资源和环境的保护起到十分重要的作用。

合理发展旅游业并不会对环境造成不可逆转的破坏，在一定程度上还有利于风景区环境的保护，具有良好的环境效益。只有好的环境才能吸引游客，才能促进旅游业的发展；同时，旅游业的发展也是环境保护潜在价值的具体体现，使得生态和环境保护获得实实在在的外在利益，从而充分体现出良好生态环境的价值。优良的景观环境与旅游业的发展是相辅相成的。

另外，石壁山风景区治理了水土流失，保护了自然景观，改善了区域环境，有助于促进生物多样性的保护和自然生态系统的良性循环，探索了开发自然资源的有效途径，有利于风景区旅游资源的合理利用和可持续发展，将成为面向社会公众进行资源与环境宣传教育的课堂，普及生态学知识的环境教育基地。石壁山风景区将成为实施饶平旅游发展战略和环境保护基本国策的成功案例。

# 11　风景区管理机制

## 11.1 概述

对于任何以盈利为目的的经营性组织而言，科学、合理的管理机制的设置都是确保组织正常运作和长远发展的根本。石壁山风景区也不例外。

### 11.1.1 风景区范围

风景区总面积约为7.5平方公里，规划区面积约为3.2平方公里。

### 11.1.2 风景区相关村落

1. 风景区土地所有权涉及的村落

石壁山风景区土地所有权主要涉及综合场、上林、新霞、山霞、霞西、城北、寨上、红光等13个村落。

2. 风景区土地所有权涉及的人口

石壁山风景区土地所有权涉及的常住人口为6万多人，约占黄冈镇人口的三分之一（2007年黄冈全镇总人口为189 971人，其中农业人口为86 567人）。

### 11.1.3 风景区相关商户

石壁山风景区内商户涉及的产品主要有茶座、零食饮料等。目前风景区内有6个茶座（1991年2个，1993年上升到6个），每月租金为50～150元。值得一提的是，茶座经营人员大多是山权单位的人员或亲戚，风景区管理处无从干涉。

### 11.1.4 风景区管理处

石壁山风景区管理处于1990年12月成立，属科级机构，归饶平县人民政府管理。目前管理处设有人秘股、营建股、管理股，在职干事9位，累计退休干事7位，干事工资由饶平县人民政府统一划拨。管理处对风景区拥有规划管理权，但不具备土地管理权。

### 11.1.5 风景区收入分配

由于核心区内的土地管理权归综合场所有，故茶座租金上交给综合场。风景区门票年均收入十多万元，管理处委托综合场管理门票收入，综合场每月固定上交管理处 2 000 元，其余收入归综合场所有，管理处不予干涉。风景区上午 8 时 30 分之前和下午 5 时之后不收费。

### 11.1.6 风景区接待

石壁山风景区年接待量约 50 万人次，但真正纳入收费的却不到 10 万人次。风景区收费比较灵活，对于县单位人员、前来拜佛的群众一般都不予收费。

总体上看，整个风景区开发层次低下，产权构成相当复杂，管理非常粗放，脏乱差现象极为突出，收入水平极低，自我发展能力几乎无从谈起，没有因为风景区在县城所在地和地处粤东门户的饶平而得到良好发展，未能为饶平人民提供良好的休闲娱乐场所，更未能为助推饶平经济社会发展作出应有的贡献。究其原因，在于管理机制的缺失，突出表现为管理体制混乱、组织架构设计不科学、运营机制不健全等。为此，应从以下几个方面着手进行改革。

## 11.2 明晰产权关系，统一管理体制

现代组织变革首先要明晰产权关系，这是确保组织变革成功的基础。石壁山风景区现有产权关系复杂，这是事实。不必试图去改变产权关系，恰恰相反，要肯定并明确既有的产权关系，对尚未完全明确的产权，要在法律规定的范围内依法进行界定，确定其产权主体。

在此基础上，要依法教育和引导各产权主体明确认识到：他们自己分散的产权作为一个整体构成了风景区，风景区作为一个对外营业的经营整体，根据法律赋予的权力，有必要也必须进行统一管理。

饶平县人民政府应以行政规章等形式对风景区的所有产权主体宣告：石壁山风景区管理处是饶平县人民政府的职能派出机构，代表饶平县人民

政府对风景区进行统一管理，并赋予其应有的统一行政权、统一管辖权、统一规划权等相应权力，使风景区在统一管理的体制下进行具体运作。

## 11.3 评估产权价值，创新组织架构

现代组织变革要创新组织架构，这是确保组织生存与发展的核心。需要明确指出的是，石壁山风景区管理处是行政职能管理机构，不是经营管理组织。鉴于目前风景区管理混乱、无序经营现象突出，有必要组建饶平县石壁山风景区经营管理有限公司，负责石壁山风景区具体、统一的经营管理。具体的思路是：

（1）在明晰风景区的产权主体的基础上，由饶平县人民政府出面，对风景区各产权主体进行动员和说服、引导工作，让其认识到对风景区进行统一经营管理的必要性和重要性。

（2）聘请有资质和良好声誉的资产评估机构对风景区内所有的景点、土地、山林、合法建筑等进行统一的资产评估，并明确每一产权主体的产权价值。

（3）根据资产评估的结果，汇总风景区的全部产权价值，然后据此确定各产权主体的产权价值占风景区全部产权价值的比例。

（4）组建饶平县石壁山风景区经营管理有限公司，各产权主体以其产权投资入股，以其产权价值明确其在公司的股权份额。

（5）根据股份有限公司的有关法律规定，制定公司章程，召开股东大会，选出董事、监事，设立董事会、监事会，选出董事长，聘请总经理等。风景区管理处也以其实际拥有的产权价值入股，为增加管理处对经营管理有限公司的有效控制或决策影响，饶平县人民政府可考虑以资产收购等手段提高风景区管理处在经营管理有限公司的股权比例。

## 11.4 规范景区运作，健全运营机制

现代组织变革还要健全运营机制，这是确保组织顺利运作的关键。要理顺并健全风景区运营机制，可从以下几个方面入手：

（1）风景区管理处是风景区行政管理机构，经营管理有限公司是风景区营运管理组织，应明确二者的职责和角色定位，各司其职，不得错位。

（2）风景区管理处依据饶平县人民政府的授权依法对风景区进行管理，对风景区的环境整治、社会治安、风景区发展规划等进行统一管理；经营管理有限公司在遵从风景区规划的前提下，有权根据公司目标、公司治理结构、公司发展战略等进行独立经营和管理，但公司的经营管理决策要报风景区管理处备案，重大决策要报风景区管理处批准后执行。

（3）在经营管理有限公司统一经营管理的前提下，风景区的有关项目可以招标建设、招标经营的方式进行管理，对经营方收取租金；风景区内的产权主体和风景区外的企业、组织和个人均有权参与竞标，但同等条件下应优先考虑风景区内的产权主体。

（4）风景区内各经营项目的用工应重点考虑雇用风景区内的居民，但应组织公平、公正、公开的选聘程序。

（5）风景区的年度经营利润要合理处置，尤其是当前利益与风景区持续发展之间的关系；对经营管理有限公司的全体股东根据股权比例进行红利分配。

# 12　风景区总体规划实施建议

## 12.1 规划总体分期实施建议

### 12.1.1 近期（2016—2020 年）

规划的初期，完善饶平县石壁山风景区总体规划的编制、审批并组织具体实施。2016 年底前完成整个风景区环境的整治，依法拆除风景区内的所有违章建筑，按照基础设施规划修建完成近期的基础设施项目；2016 年底前完成风景区核心区前期项目的开发建设，包括风景区大门、地下停车场、健身广场、风景区管理处等建设工作，完成风景区的绿化工程，包括核心保护区和整个规划区的景观树木、花草的栽种或改造；2017—2020 年完成整个核心保护区各功能区的修缮和新建工作，完成饶平名人馆等文化展示区建设，完成餐饮服务区、旅游商品街、丽泽湖综合服务区（一期）建设，以适应旅游发展的需要。近期以满足饶平县本地居民的观光休闲需求为主，逐步扩大石壁山风景区在潮汕地区的影响力，吸引越来越多潮汕地区的游客到本风景区观光休闲。

### 12.1.2 中期（2021—2025 年）

规划的中期，继续完善近期各项目的续建、扩建等工作，完成游乐度假区、丽泽湖综合服务区（二期）等项目建设，进一步进行环境整治和美化，着重进行休闲体验项目的开发与建设，使风景区成为饶平县本地居民休闲体验活动的首选，到风景区休闲体验成为其必不可少的生活状态或生活习惯；使风景区成为潮汕地区休闲体验的著名品牌，潮汕地区居民进行休闲体验消费的优先选择；使风景区在整个粤东地区以及相邻的福建省有一定知名度和吸引力，纳入其旅游休闲体验的有效选择范围。

### 12.1.3 远期（2026—2030 年）

规划的远期，根据前期规划继续完善或更新各旅游项目，完成森林探险区等项目建设，随着旅游业的发展，最终形成以饶平特色文化为灵魂，以石壁山的自然景观为载体，把石壁山风景区建设成为集观光、特色商品购物、体验为一体的国家 AAAA 级风景名胜区。在市场开拓方面，结合观光、休闲、体验、度假、旅游房地产等延伸项目，使石壁山风景区成为在泛珠三角区域和海峡两岸具有独特吸引力的旅游目的地，成为广东、福建及台湾地区游客的重要目的地之一。

## 12.2 规划近期具体实施建议

### 12.2.1 成立石壁山风景区规划建设实施领导小组

石壁山风景区的开发对饶平县乃至潮州市的旅游发展影响巨大，应成立由饶平县主要领导挂帅并由各相关部门负责人参加的工作小组，以及由政府主要领导和县旅游局及各相关职能部门主要领导组成的规划建设实施领导小组，具体制定有关开发的政策、确立招商引资条件和布置具体工作，以及安排有关的服务和监督工作。

### 12.2.2 重新界定石壁山风景区管理处的职责和权限

石壁山风景区管理处的职责和权限必须重新进行界定和宣示，使其有权、有产，成为行政上的管理者、经营管理有限公司运营的参与者，其作为饶平县国有资产的代表在经营管理有限公司中发挥重要作用，如产权份额足够大，甚至可以发挥主导作用。但除此之外，不必承担其他不切实际的职责，尤其是社会职责。

### 12.2.3 做好当地居民的宣传发动工作

根据石壁山风景区产权主体极为复杂的现状，理顺产权关系、明晰产权归属、评估产权价值等工作非常重要，必须最广泛地进行宣传动员，发动群众，认清对风景区进行重新规划和建设的必要性及重要性。根据风景区居民的教育、收入现况，可以多组织社区参与，比如旅游产品的生产部门、旅游服务人员、中介机构等，实现公司、产权主体、居民、旅游的协调发展和利益分配。

### 12.2.4 设立石壁山风景区经营管理有限公司

在外部投资主体尚未确定时，应设立石壁山风景区经营管理有限公司，作为风景区开发运作主体，公司应该具有投资实力和融资能力。

### 12.2.5 制定风景区开发策略

在建设资金到位的预期情况下，可以按照规划分期分步实施建设；在建设资金未能全部到位的情况下，可以采取滚动开发的模式，分期建设并开放接待游客，将盈利部分再投入，继续建设。近期风景区的建设前期工作费、基础设施建设资金应由饶平县人民政府先行投入或垫付，其投入资金在石壁山风景区经营管理有限公司成立后可作为石壁山风景区管理处在公司的股权投资。

### 12.2.6 研究、制定旅游开发政策

石壁山风景区的建设投入较大，投资周期很长，因此制定实施一套激励政策以推进投资开发是当务之急。这些政策包括：

（1）适当倾斜的投资和财税政策，包括政府投资补贴、减免税务、优惠贷款利率、政府担保贷款等。

（2）开发支持政策；部分居民和原有用地拆迁补偿政策；城镇改造基础设施、公共设施及土地开发政府投入支持政策；旅游景区旅游税收优惠政策（包括地方所得税减免和营业税减免等）；支持政策。

（3）可以尝试投资主体的多元化，开展旅游景区开发与经营权转让和招标承包业务，做到权责利一体，谁投资谁开发谁收益。例如采用BOT的开发模式：Build（建设） + Operate（经营） + Transfer（转让），可以将风景区开发基础设施建设的工程特许权、专营权授予开发商，由开发商开发建设并经营一定期限后无偿或低价转让给石壁山风景区经营管理有限公司。

（4）加强石壁山风景区重新规划的宣传工作，利用饶平县在县外、境外人脉资源丰富的优势，积极劝导和发动公众参与，使本地居民和旅外乡亲、商贾共同关心和支持本规划的实施。

（5）珍惜石壁山风景区开发的后发优势，做好招商引资工作，选择对旅游业和旅游产品有深刻认识的、有经验和责任感的项目投资主体，选择有品位的开发商参与风景区规划的实施，真正以创新性的思维和高定位、高品质，把石壁山风景区打造成饶平县黄冈的后花园，乃至粤东地区的门户风景区。

### 12.2.7 与新一轮饶平县县城土地利用总体规划顺利衔接

当前，饶平县人民政府正着手开展《饶平县土地利用总体规划（2010—2020年）调整完善方案》的编制工作，其中有关县城土地利用也有相应的规划要求。因此，本规划在实施中应与其衔接，树立土地科学利用的资源观，推进风景区绿色发展。

### 12.2.8 做好国家AAAA级旅游风景区的申报准备工作

经过5~10年的建设，风景区设施条件及管理水平一定会有较大提升。因此，在2025年前由旅游、国土、科技等相关部门共同牵头，组织申报国家AAAA级旅游风景区。

# 13　风景区重点景点规划

# 13.1 规划一：旅游商品街（粤首街）概念规划

## 13.1.1 项目概述

1. 项目名称

石壁山风景区旅游商品街

2. 项目背景

该项目规划位于饶平二中对面，贯穿风景区的中南部，由四条相连接的街道组成。旅游商品街作为石壁山风景区规划的重点项目，以闽粤特色商品尤其是饶平的特色餐饮与旅游商品为主题，充分展示该地区的饮食文化和特产，为旅游者提供一个品尝地方美食、购买地方特产的场所。项目发展的远期目标是汇聚粤东、闽南的特色产品，打造粤东最大的旅游商品集散地。

3. 项目总体定位

该项目具备特色旅游商品购物功能、地方特色工艺体验功能，旅游商品街将成为粤东旅游商品集散地。

## 13.1.2 项目规划原则

1. 高规划、高起点

所有建设项目符合全省、全市旅游整体规划，以及饶平县整体规划要求，按照国家AAAA级旅游风景区质量标准，坚持高规划、高起点，注重生态环境保护，使资源开发和建设保持一致。

2. 以市场为导向

该项目的建设主要是为了实现石壁山风景区的经济功能，因此项目开发必须依据游客的需求，以市场为导向。

3. 突出特色

旅游产品在市场竞争中的要素之一就是保持产品的差异性，突出旅游产品的特色，保持其差异性是满足游客多种需求的基本。因此，该项目的开发应遵循特色原则，突出地方性。

### 13.1.3 项目规划建设的必要性

1. 完善风景区功能

石壁山风景区的旅游资源比较单一，目前以观光为主，旅游功能单一。旅游商品街的建设主要是为了实现风景区的购物功能，可兼有住宿功能。该项目的建设使风景区的食、住、行、游、购、娱各项功能得以完善。

2. 满足游客需求

旅游商品街提供的各项功能，都是为了满足游客在旅游过程中的基本需求，如游客对食、住、购的需求。

3. 创造经济收益

旅游商品街作为旅游景区的商业街区，是风景区经济收益的一个主要来源。商品街主要出售当地特色产品，远期目标是把它建设成粤东特色旅游商品集散地，这将为当地居民带来一定的经济收入，为当地经济作出一定贡献。

4. 开发特色旅游项目

旅游商品街不仅可以实现其经济功能，还是一个特色旅游项目，可以满足游客的各项需求，是风景区的一个重要的体验点。

### 13.1.4 项目规划的具体内容

旅游商品街，即牌坊至雷音寺下方道路一旁、饶平二中正门对面现有道路两旁和拟挖的荷花池四周，全长 1 000 余米，加之与它相连的三条道路，把这些区域建设成四条相连接的旅游商品街。旅游商品街风格应具有闽旅游商品街，依托旅游商品街，打造粤东最大的旅游商品集散地，汇聚粤东、闽南的特色产品，不仅可以满足游客的购物需求，还可以作为粤东旅游特色商品生产基地。

1. 总体布局

旅游商品街两侧都将采用潮汕传统建筑风格，街面均用青石板铺就。整条街分为手工艺品区、古董区、小吃区、茶楼酒吧区、土特产区、海鲜区，兼具住宿功能。街道两旁种植观赏性的植物，街道中央每一百米放置一个雕塑（潮汕传统工艺品，如石雕、木雕等）。

2. 大门

利用牌坊作为旅游商品街的大门，考虑到牌坊保护的问题，不宜刻字，可以在牌坊下方，街道正中放置刻有“粤首街”字样的艺术木雕或石雕。

3. 土特产区

牌坊至雷音寺下方道路一侧，靠近民俗植物园一旁 AB 段（见附图）设置商铺，专营土特产。此区域汇集当地的土特产品，包括新鲜的瓜果和深加工的土特产。

4. 小吃区

旅游商品街 CD 段（见附图）设置小吃区，汇集潮汕、闽南特色小吃，主要满足游客“食”的需要和体验特色食文化的需求。

5. 手工艺品区

旅游商品街 DE 段（见附图）设置手工艺品区。此区域主要出售潮汕传统手工艺制作的旅游纪念品，如潮绣、瓷器、木雕等。除出售功能之外，还应增加体验功能，设置供游客参观体验的场所，游客不仅可以购买手工艺品，还可以观看甚至亲自参与手工艺品的制作过程。

6. 古董区

旅游商品街 EF 段（见附图）设置古董区。此区域的主要功能是古董交易、参观、学习，主要是满足游客的好奇心和淘宝的体验。

7. 海鲜区

考虑到海鲜的腥味比较浓，因此海鲜区设置在旅游商品街的最后一段——GH 段（见附图）。此段需要在民俗体验园左侧开辟约 200 米长、6 米宽的街区，加上街区两旁的建筑，总共约 3 000 平方米。游客在此可以品尝到新鲜的海鲜。

8. 茶楼酒吧区

旅游商品街 IJK 段（见附图）设置茶楼酒吧区。此区域融合古典与现代，游客不仅可以体验潮汕茶文化的精髓，还可以体验现代酒吧的趣味。此区域街边的灯饰可采用灯笼式，可通宵营业，满足游客夜间休闲的需求。

9. 其他

此外，旅游商品街可以设置一些流动的摊点，这些摊点出售的商品应体现当地特色，或是一些传统的工艺制作。整条街为步行街，不允许机动车辆入内。游客如有需要，可用旅游商品街提供的人力车作为代步工具。

### 13.1.5 项目投资预算

根据石壁山风景区规划，旅游商品街投资预算为900万元，于2016年建设完成。

## 13.2 规划二：饶平名人纪念馆概念规划

### 13.2.1 项目概述

饶平名人纪念馆是饶平文化基地的核心项目，位于民俗植物园东侧，烈士陵园东南侧，规划建造一个两层方形院落，收藏展示历代饶平名人资料、物品，并筛选名人代表建造各类塑像。在饶平名人纪念馆的四周种植樟树、槐树、玉兰、桂花等，以示后人对前人和名人的彰扬和怀念。该项目规划面积为4 000平方米（约6亩）。

### 13.2.2 项目规划的必要性

饶平县于明成化十三年（1477）置县，距今已有500多年的历史。饶平人民勤劳勇敢、开拓进取，反抗压迫、抵御外侮，置县以后，科举连登，人文鼎盛，英才辈出，业绩辉煌。有清介南中第一的一代清官，有气节千秋的抗元英烈，有威震闽粤赣浙的农民起义领袖，有反海禁的海上贸易开拓者，有参与收复台湾的民族英雄，有辛亥革命的举义先驱，有新民主主义革命的无数先烈，有英勇抗日保卫乡土的豪杰志士，有参加“八·六”海战的战斗英雄，有著名科学家、哲学家、文学家、美学家、爱国侨领和实业家，各项事业上出类拔萃的优秀人才蜚声海内外。

在饶平县城黄冈城郊著名的石壁山风景区建设饶平名人纪念馆，通过对饶平古今人物的介绍，彰扬饶平的物华天宝、人杰地灵，启迪心智，以教育和激励后人，不仅能使游客了解馆中人物在饶平历史发展中所起的重要作用，更能激发各界人士的爱国爱乡热情，多为饶平作贡献。

### 13.2.3 项目规划的思路

1. 战略地位

该项目将饶平名人纪念馆建设成为石壁山风景区内重要的支撑性旅游项目，成为饶平县特色旅游的重要体现。未来还拟在周边继续建设饶平文化修学馆、饶平图书馆、饶平休闲艺术馆、饶平文化展览长廊等文化场馆与设施，使其成为饶平县的休闲文化中心，成为潮州市重要的文化基地、爱国主义教育基地和修学旅游基地之一。

2. 开发方向

该项目以饶平古今名人介绍为基础，打造成集历史文化、民间传说、名人轶事、爱国主义教育、雕塑艺术、环境教育等为一体的旅游景点。

3. 开发思路

该项目充分利用饶平古今名人已有的知名度，结合石壁山风景区内其他相关旅游景点（如烈士陵园、敬老院、民俗植物园及待建的各类文化设施等），与潮州市内其他爱国主义教育基地和修学旅游景区联合开发，加大旅游宣传促销力度，以名人文化与爱国爱乡精神为特色，形成特色突出、展览活动相对丰富、地方文化气息浓郁的文化教育体验旅游景点，建设成为潮州市重要的文化基地、特色凸显的爱国主义教育基地和修学旅游基地。

### 13.2.4 项目规划的具体内容

饶平名人纪念馆位于石壁山风景区内，占地面积不大（4 000 平方米，约 6 亩）。为了与周边环境相协调，纪念馆建筑高度不宜过高，因此，规划拟建饶平名人纪念馆为“一主两副”两层的方形院落（见附图）。根据纪念馆的具体场地条件和饶平古今名人的具体情况，拟将饶平名人纪念馆进行具体规划，分成三个区域详细分析如下：

1. 纪念馆一层：“音容笑貌”展示区

该区主要展现饶平古今名人的概况、样貌、生活轶事及他们各自生活的时代背景，按照时间和类别可以细分为三个小展厅，分别为：

（1）古代名人展厅。

该厅主要展示饶平从宋代到清代的历史名人，以图像、文字及小型雕塑群的方式，介绍他们的生平、生活逸事等，在陈列上努力集知识性、思想性、科学性、可看性于一体。

饶平历代中进士者，宋代6名，元代2名，明代17名，清代27名；清代中武甲进士10名，共62名。其中，明代仅大埕一村就先后登进士4名，俗谓“百步四进士”；清代的陈坑乡八角楼出进士9名，流传着“八角九进士”的佳话。这对于古代位于偏远山区的饶平县来说，是非常了不起的成就。可专设“饶平历代进士”展览中心，并配以小型雕塑群进行解说。

在古代名人展厅中，选取各朝代的典型代表人物，如宋代的张夔、元代的余英、明代的薛雍、清代的陆宸箴等，为其塑像，建议用较淳朴和有历史厚重感的石雕。

（2）近现代人物展厅。

该厅主要展示饶平从丁未革命至今的近现代名人，其中按照类别又可分为革命烈士、抗日英豪、党政军界人士、文教体卫名人、学术科技名人以及知名人士等小分区，以图像、音像、电影、文字、雕塑等方式，分别介绍他们的事迹。其中可重点介绍革命烈士和抗日英豪，并选取各行业的代表人物，为其塑像纪念，建议近代人物以汉白玉像、铜像为主（如革命烈士和抗日英豪最好都用汉白玉像），而现代名人（尤其是在世的名人）则可考虑用蜡像雕刻的方式。

（3）港澳台及海外华侨华人展厅。

该厅主要展示饶平籍或祖籍饶平，现在香港、澳门、台湾等地居住，以及侨居海外各国的饶平华侨华人的先进事迹，讲述他们对故乡的眷恋、帮助和贡献。也建议用蜡像雕塑刻画代表性人物，以彰显时代和区域特色。

2. 纪念馆二层：“饶平名人作品欣赏”区

在纪念馆二层主要设置“饶平名人作品欣赏”区，搜集饶平古今名人的各种作品或对家乡的特殊贡献，如宋代张夔的《禄隐集》，歌颂宋代巾帼英雄陈璧娘的历史剧《辞郎洲》，明代薛崇文的《清野集》，明代薛雍的《金山读书笔记》，明代罗胤凯纂修的《饶平县志》，明代反西班牙殖民主义者、著名领袖林凤的《海上武装队伍》，明代周用的《顾影集》和《海赋》，明代吴少松和陈天资共同编修的《东里志》，明代黄琮主持建筑的急水塔（今凤凰塔）等，清代陆宸箴的《观古阁留花吟》《琴言》《涞水县志》等，清代木雕名师刘枣的木雕作品，清代林一铭的书法作品，清代张世珍编著的《潮声十五音》等，还有近现代人物的诗文、著作、书画作品、雕塑工艺作品、歌剧演艺作品、建筑机械设计作品、摄影花木作品、革命先进事迹等。另有定居港澳台及海外的饶平华侨华人，他们特殊的经历、作品、贡献和对家乡的眷恋，也是展示的主要内容。

在“饶平名人作品欣赏”区还可留下一空白位置，留给将来的饶平名人，以激励当地学生和青年以这些饶平名人为榜样，打造自己的辉煌人生。

3. 纪念馆周边环境营造区

为了更好地展现饶平名人纪念馆的文化品位和历史氛围，建议纪念馆不设围墙，在纪念馆周边广栽樟树、木棉、松柏、白玉兰等树木，以怀念和颂扬这些饶平名人。在纪念馆中心或某一角落，建设露天小型花园，花园以荷花池为中心，池边种植垂柳，花园内可选种苏铁、桂花、梅花、兰花、菊花、千日红等花木，既能美化纪念馆内环境，又能表达对饶平古今名人的敬仰、怀念和喜爱。

### 13.2.5 项目规划建设措施

（1）与潮州市修学旅游计划和其他相关发展规划相适应。

（2）加大旅游宣传营销力度，建设饶平名人网，与潮州市其他同类旅游区进行联合营销，突出名人文化、教育体验的特点，尽快提高知名度，打造成为潮州市爱国主义教育和修学旅游发展的特色旅游景点。

（3）将景点开发建设与爱国主义教育、修学旅游、旅游扶贫结合在一起，以旅游景点开发带动本地居民、青少年学生发扬爱国爱乡精神，带动当地生活条件和人居环境的改善，并在旅游景点开发中争取专项教育、扶贫等资金和相关组织对偏远山区教育、旅游、环保等产业的支持。

（4）深入挖掘本地历史文化资源、名人文化资源，提升文化品位；对可能面临消亡的有形文化和无形文化进行抢救性保护，并在旅游景点开发中予以包装和创新，使其重新恢复活力。

（5）旅游景点建成以后，可有效组织较大型的、有地方特色和文化特色的名人节庆活动，宣传名人旅游形象，提高旅游景点的知名度。同时，结合学生的第二课堂，开展丰富多彩的学习活动，提高学生的修学旅游效果。

（6）与文化、外联、侨办、海外同乡会等相关管理部门和组织协会加强协作，通过旅游发展促进历史文化保护与传承。充分发挥政府在旅游项目建设中的引导和推动作用。

### 13.2.6 项目投资预算

根据石壁山风景区规划，饶平名人纪念馆投资预算为500万元，于2018年建设完成。

## 13.3 规划三：民俗植物园概念规划

### 13.3.1 项目概述

1. 项目名称

石壁山风景区民俗植物园

2. 项目背景

民俗植物园位于商业区西北部，核心保护区的西南部。计划规划一个面积为20.89亩的综合性民俗植物园，用于栽植和展示与潮汕地方民俗有关的植物，打造成为集观光游览、科普教育、体验休闲为一体的特色旅游基地。

3. 立项依据

植物园是现代文明城市的标志，是城市公共园林中最美的旅游景点之一。随着城市化的高速发展，生态环境的日益恶化，“回归自然，返璞归真”越来越成为人们普遍的心愿。植物园除能为学术研究提供助益之外，人们还可借助其完善的解说系统学习植物知识，揭开自然界中千姿百态的植物奥秘。这种寓教于乐的方式既符合市民的愿望，也是发展旅游的新动向、新趋势。

民俗植物，是指长期生长在一个地区所孕育出的植物类群，被当地充分利用于日常生活中的衣食住行、医药乃至宗教祭祀、民俗礼仪之中。民俗植物的使用反映出各民族的衣食住行及其文化特色，因此从潮汕地区所使用的植物种类的差异，可以看出一些地方特色。潮汕民俗文化底蕴深厚，博大精深，自成体系，独具一格。而民俗活动是民俗文化的体现，在潮汕地区分布的两千多种植物中，有不少种类被广泛应用于本地区的各项民俗活动，有的甚至在民俗活动中起着关键性的作用。然而，由于种种原因，在过去，潮汕民俗文化并没有得到足够的重视，民俗植物的研究更是十分缺乏。在民俗植物日益得到重视的今天，石壁山风景区民俗植物园的建设将具有重大意义。相信石壁山风景区民俗植物园的建成，不仅能为当地的旅游带来经济效益，而且也能为我国的民俗植物园的建设开创先河。

### 13.3.2 规划思路

1. 战略地位

该规划将民俗植物园建设成为石壁山风景区内重要的支撑性旅游景点，成为饶平县特色旅游的重要体现之一，成为潮州市重要的文化教育基地和修学旅游基地之一。

2. 开发方向

该规划以潮汕特有的民俗文化、民俗植物为基础，打造成集历史文化、民间传说、体验休闲、园林艺术、科普教育等为一体的旅游景点。

3. 开发思路

该规划充分利用饶平独特的潮汕文化背景，结合石壁山风景区内其他相关旅游景点，与潮州市内其他生态旅游基地和修学旅游景区联合开发，加大旅游宣传促销力度，以体验休闲与文化探究为特色，形成特色突出、展览活动相对丰富、地方文化气息浓郁的文化教育体验旅游景点，建设成为特色凸显的体验休闲旅游基地和修学旅游基地。

### 13.3.3 规划内容

民俗植物园将规划 6 个功能区，具体如下：

1. 潮汕饮食风俗植物区

潮汕饮食文化是潮汕劳动人民在千百年的历史过程中共同创造出来的，它植根于千家万户，有着极其深厚的群众基础，因而在民间广泛流传着有关植物的潮汕饮食风俗。如潮汕部分地区在正月初一喜食糜的风俗、用粿酬神祭祖与用于婚丧嫁娶等的习俗、在节庆日用槟榔待客的习俗、用茶祭神迎客的习俗等。因此，可在饮食风俗植物区栽种鼠曲草、栀子、竹子、槟榔、石榴、橄榄等，适量搭配一些观赏价值较高的植物如牡丹、兰花、桂花等，营造观赏型与学习型相结合的植物区。

2. 潮汕岁时节日植物区

从除夕守岁至春节拜年，潮汕先辈为适应环境，将植物运用于节庆日中，创造出一种安身立命、乐天知命的生活方式。如在人日（正月初七）吃“七样菜”寓意保佑自己财运亨通、清明节插艾叶挂菖蒲以避邪驱疫消灾、中秋节用柚子和芋头等拜祭“月娘”等习俗，考虑到植物在潮汕岁时节日中的运用，可在此区栽种柑橘、榕树、甘蔗、艾叶、菖蒲、萝卜、桑树等30种植物。在栽种植物时，考虑到游客的审美需求，应合理搭配植物疏密程度、丰富景观层次。

3. 潮汕人生礼俗植物区

在人的一生当中，从诞生来到世间，至死亡离开人世，要经历各种不同的社会礼俗。潮汕人常常会在这些特别的日子里使用或食用具有特殊意义的植物。考虑至此，可在此区域栽种仙草（小槐花）、红花（石榴）、千日红、龙眼、芙蓉花、益母草等30种植物。

4. 潮汕民间草药区

潮汕人讲究饮食养生，在民间流传着很多具有药效的植物疗法，特别是在大暑天具有清热解毒功效的草药植物。潮汕草药，品种繁多，资源丰富，遍布平原山区，野生土长，采集方便。可在此片区域栽种赤豆、绿豆、铁包金、地耳草、白簕、鹅掌柴、积雪草等100种植物。此处的草药植物可能观赏价值不高，花相林相变化不明显，景观单调不美观，可以适当构建观赏价值高的植物花圃，再于旁边围栽种草药植物，在游客学习植物知识的同时满足其审美需求。

5. 潮汕珍稀濒危植物区

潮汕地区野生分布的国家保护植物共计有25科、27属、29种。可在功能区移栽一些生长在潮汕地区的珍稀植物，或对珍稀濒危植物加以介绍。如栽种一些乡土阔叶树种，如白桂木、柯树、木油桐、杜英、土沉香、岭南山竹子、山蒲桃等，形成亚热带常绿阔叶季雨林景观。

6. 潮汕植物文化专区

在此功能区，可划定专门区域栽种樟树、松树等树种，用于表彰饶平各界优秀名人；也可在此处栽种一些与佛教文化相关的树木，如菩提树、无忧花、文殊兰、金凤花等，因为潮汕地区佛教文化底蕴深厚，影响着各界人士，可使前来植物园游览的游客感受佛教文化；还可在此功能区划分一定区域栽种广东省各市市树市花，如汕头市花金凤花、潮州市花白兰花、深圳市花三角梅等，可使游客了解日常植物知识，也可使异地游客倍感亲切。

### 13.3.4 项目投资预算

根据石壁山风景区规划，民俗植物园投资预算为200万元，于2018年建设完成。

# 13.4　规划四：涑玉泉茶艺休闲区概念规划

## 13.4.1　项目概述

1. 项目名称

石壁山风景区涑玉泉茶艺休闲区

2. 项目背景

该休闲区位于核心保护区中部，靠近佛教人文文化区，计划以涑玉泉为文化品牌，建设一批分散于丛林中的高级休闲茶座，并在健身园、延景亭附近建一座两层楼的涑玉泉茶艺馆，通过打造高品位的生态茶艺休闲区，吸引多方游客前来风景区休闲、度假、修学、娱乐及开展商务活动，品味潮州工夫茶文化，打造成最具潮文化特色的茶艺生态休闲区。

3. 立项依据

历史表明，宋代潮汕地区至少在达官贵人里就有饮茶的习惯，之后随着战乱、人口迁徙、商业贸易等，潮汕工夫茶逐渐产生。潮州名茶品类繁多，有“七泡有余香”的铁观音，有“称霸”的凤凰水仙茶系，茶系中又分凤凰单丛、白叶单丛、群体单丛、黄枝香、黄金桂、奇兰、蓬莱茗、八仙、浪菜……饶平一带更是盛产凤凰水仙和单丛等茶种，如此多的茶种，为茶馆的开设与发展增加了浓厚的地方特色。壁然茶楼能让游客感觉不枉潮汕行，人们在茶楼里不仅能品尝到正宗的工夫茶，还能观赏工夫茶文化。涑玉泉茶艺休闲区所处地方更是“一览黄冈镇，眼收南海景”的好位置，放眼四周，绿树成荫，海天一色，游客可同时获得物质和精神上的满足。中国的茶楼发展历史悠久，萌芽于西晋，形成于唐朝，发展于宋元明清，直至近代到中华人民共和国成立初期，以及现代，茶楼因集饮食文化和茶文化为一身而普受欢迎。普通茶楼由于茶种简单，设施简陋，人们对具体茶叶品种不甚深入了解，涑玉泉茶艺休闲区将海纳百茶，展示潮汕文化，突出饶平特色，为人们提供一个在静思品茶时既能观赏到饶平石壁山美景，又能丰富茶知识、欣赏茶文化的高档场所。

### 13.4.2 规划思路

1. 战略地位

该规划将涑玉泉茶艺休闲区建设成石壁山风景区内的重要支撑性旅游消费场所，成为潮汕特色茶文化重要体现的标志之一。

2. 开发方向

该规划以潮汕特有的茶文化和饶平特色为基础，打造成集观光望景、茶艺欣赏、茶水品味、特色小吃品尝、茶文化鉴赏、休闲娱乐或商务谈判等为一体的旅游景点。

3. 开发思路

该规划充分利用潮汕文化的博大精深和工夫茶艺的精湛表现，结合潮汕人爱饮茶的特点，以石壁山风景区特色风光与浩瀚远景为吸引点，加大旅游宣传促销力度，以品尝潮汕饶平名茶、观景纳海与文化鉴赏为特色，形成特色突出、展览活动相对丰富、地方文化气息浓郁的文化鉴赏体验旅游景点，建设成为潮州茶文化的重要展示基地，成为省内乃至全国品茶观景、修身养性的旅游胜地。

### 13.4.3 规划内容

石壁山风景区涑玉泉茶艺休闲区包括19个高级休闲茶座和一座两层楼的涑玉泉茶艺馆，采用潮汕建筑风格，营造古朴、怀旧的“潮汕风”。茶艺馆分区规划具体如下：

1. 茶艺馆第一层：“茶艺表演”观饮区

第一层主要为茶艺表演区，游客在品茶时可观赏茶艺表演。按照空间可分为两部分：

（1）茶艺表演展台。主要由茶艺队表演潮汕工夫茶艺，包括各式名茶冲泡、茶叶现场制作等技艺表演。

（2）游客饮茶区。游客在观赏茶艺表演的同时，可点茶或小吃等。

此外，第一层观饮区内将设立洗手间。

2. 茶艺馆第二层：“茶文化展览”观饮区

第二层主要为茶文化陈列展览区，游客可包厢饮茶，吃点心，下棋。按照空间可分为一个主要展厅和围绕的包厢。

（1）茶文化陈列展厅。在正门的墙壁上陈列茶文化的发展史，左右两边墙壁陈列展出中国自始至今的各式名茶，重点为潮汕饶平名茶介绍，包括文字叙述和图片展示。

(2) 饮茶包厢区。根据楼层空间大小分为几个小包厢，厢内设有棋盘，游客可根据自己的喜好，包厢饮茶下棋，或赏窗外美景。

此外，第二层观饮区内也将设立洗手间。

3. 茶艺馆楼顶：“纳海”观赏区

楼顶主要提供望远镜等观看设施，给游客们眺望远景，观看南海一景。

4. 茶艺馆周边环境营造区

为了更好地提供茶文化展览与品尝名茶服务，建议在茶楼的四周除杂草，清道路，开辟一个可眺望远景的宽阔视野，并在临边界设立防护栏确保游客安全；也可在茶艺馆周围种上绿草鲜花，如茉莉花、太阳花、兰花、千日红等能衬托出茶艺馆古香古色的植物。

在离茶艺馆所在地即延寿亭不远处的炮台上，可适当对该景点进行维修清理，加种各种植物装饰。

### 13.4.4 项目投资预算

根据石壁山风景区规划，涑玉泉茶艺休闲区投资预算为400万元，于2017年建设完成。

## 13.5 规划五：野营训练区概念规划

### 13.5.1 项目概述

1. 项目名称

石壁山风景区野营训练区

2. 项目背景

石壁山风景区野营训练区位于核心保护区的东南部。计划规划一个面积约18万平方米的综合性野营训练区，实现休闲旅游与体育锻炼、拓展训练的有机结合，创新体育休闲旅游项目，完善配套设施，打造成为饶平及其周边地区素质教育基地、休闲野营和拓展培训的第一品牌。

3. 立项依据

随着科学技术、经济建设以及城市化的飞速发展，城市的空气污染问题日益严重，清新的空气成了生活的奢侈品，同时单调乏味的城市、工厂生活驱使人们利用一切闲暇时间到大自然中去，追求人与自然的和谐。野营训练除了能够满足人们对休闲旅游的追求之外，还可以全面提高人的素质，特别能提高人的耐力、毅力、智力、勇气和胆略，同时可以提高独立解决困难的能力，让人在体力和智力受到压力、复杂地形等条件束缚下迅速作出反应，果断作出决定；在自然环境中培养团队精神、沟通能力、协作能力，磨炼意志；此外，还可以学习一些野外生存的基本技能。石壁山风景区野营训练区将会让游客更贴近大自然，更真切地体会大自然的呼吸，同时又可挑战富有激情的体验项目，参与与众不同的游乐活动和更有意义的野外活动。

### 13.5.2 规划思路

1. 战略地位

该规划将野营训练区建设成石壁山风景区内的重要支撑性旅游活动场所，成为饶平县特色旅游的重要体现之一，成为潮州市重要的素质教育基地、休闲野营基地和拓展培训基地。

2. 开发方向

该规划以饶平石壁山特有的丘陵山地为基础，打造成集休闲观光、山地探险、素质拓展、体育教育、野营训练等为一体的旅游景点。

3. 开发思路

该规划充分利用饶平石壁山独特的地理位置和地形地势，结合当代年轻人爱好冒险的精神和长期在城市生活工作的人追求原生态生活的心理特点，将石壁山风景区的特色风光和特殊地形作为吸引点，加大旅游宣传营销力度，以体验野营生活、山地探险与团队协作为特色，形成特色突出、活动相对丰富、地方文化气息浓郁的体育教育体验旅游景点，建设成为潮州市特色凸显的素质教育基地、休闲野营基地和拓展培训基地。

### 13.5.3 规划内容

石壁山风景区野营训练区将规划若干个功能区，具体如下：

1. 集训区

目前石壁山未被过度开发，仍保持着原生态的生态环境，因此该区可根据石壁山的地形地貌，开设一些野营训练项目，如定向越野、山地自行车、攀岩、悬崖速降、帐篷露营等，供青少年野营训练和企业员工拓展训练。训练通常开设团队建设、定向穿越、项目挑战、团队快乐四个训练模块。该区的野营训练项目初步设想如下：

（1）定向越野。

该训练项目以团队形式进行，可以培养团队意识，提高团队合作能力。小型规模的定向越野活动可以在野营训练区内开展，但是大型的、更具冒险性的活动可以延伸到野营训练区外的地区（某些会危害到人身安全的地区除外），在其他区域建立一些野营合作基地，以此保证定向越野活动的安全性。

定向越野大体规划如下：

①设计定向越野路线。石壁山地势复杂多变，路线的设计既要体现队员识图和奔跑两种技能，又要保证队员的安全。

②确认领队。可为代表队的领导人，也可由教练员兼任，熟悉定向越野规则及负责队员安全。

③设置裁判组。包括起点裁判组、检查点裁判组及终点裁判组。

④设置各种奖惩方式，提高游客参与的积极性。

（2）山地自行车。

潮州已知的山地自行车俱乐部尚为稀少，饶平县更是少之又少。因此，可依托石壁山集训区的地形地势和优美的自然风光，建立一个山地自行车运动俱乐部，吸引众多的自行车爱好者，并与其他山地区域联系，规划一些跨区域的车道，让自行车爱好者可以畅享骑玩乐趣。

山地自行车运动俱乐部大体规划如下：

①修建集训区运动场。主要围绕石壁山集训区中较为平坦的区域开道修路，使场地的情况满足自行车休闲运动的要求，完成较为普通的运动场建设。

②设置自行车营地及俱乐部场所。主要提供自行车租赁、展示自行车运动知识等服务。

③完善基础设施建设。设置休息站、公共厕所以及沿路观景台。

（3）攀岩。

石壁山以奇石而闻名，对于热爱户外运动、喜欢走进大自然的人们来说，野营训练区的攀岩活动将会是吸引他们的一大亮点。选择野营训练区中岩石较多的地方，进行安全系数测定，保证游客安全进行活动。参与者的身体状况必须符合攀岩活动进行的条件方可参与，每位参与者必须佩戴好风景区准备好的安全配套物品，工作人员也要进行活动前的提醒与警示。

攀岩活动大体规划如下：

①开发和清理岩壁。以保留石壁山岩壁最初的自然状态为要点，对路线进行开发和清理。

②完善主要装备。如主绳索及辅助绳索、钩环、凿钉、螺钉、登降器安全带、手套、头盔等其他设备。

③招商引资。培训、设备设施等需要花费一定的资金，要根据其项目获利优势吸引商家企业投资。

（4）悬崖速降。

悬崖速降同攀岩一样，是一种新兴的户外拓展活动，由登山派生而来。在石壁山集训区地势险峻的地方，可开展速降项目，让各地游客体验飞翔的感觉，挑战自我，锻炼胆识。应选崖面平坦、高度适合的崖壁为适合点，用专业的登山绳作保护，由崖壁主体缘绳跃下，从崖顶下降到崖底。设备应与攀岩设备档次质量相当。

（5）帐篷露营。

在野营训练区搭帐篷体验露营生活，第二天还可以观看日出，给自己的旅行留下深刻的回忆，真实体验接近大自然的感觉。

帐篷露营大体规划如下：

①确保营地平整、水源补给充足、背风背阴以及远离危险。

②为该区域分区，主要分为帐篷露营区、用火就餐区、取水用水区、卫生区。

③设置视野开阔的观景台，以便游客欣赏夜景及看日出。

2. 室内健身区

考虑到许多室外集训活动会受到天气的制约，拟在野营训练区建立一个室内健身区，这样可使野营训练区的项目内容更加全面，更具有操作性。这个室内健身区分为两个区域：体育活动专区以及儿童娱乐专区。

（1）体育活动专区。

该区包括羽毛球、乒乓球、篮球三个体育项目以及瑜伽项目。

①羽毛球。拟在室内集训区建立三个标准羽毛球场，集训区内提供羽毛球球拍以及羽毛球，建成后饶平县周边地区的羽毛球爱好者可以不受天气制约来此室内集训区打羽毛球，饶平二中的学子更是可以在周末来此锻

炼身体。

②乒乓球。拟在室内集训区建立四个乒乓球场地，乒乓球以及球拍也由集训区提供，届时直接租用即可。

③篮球。拟在室内集训区建立两个篮球场，篮球以及护膝等在集训区内可租用：

④瑜伽。拟建立一个可容纳十个人的瑜伽场地。近几年瑜伽已经成为众多年轻女性塑形美体的首要健身项目，该场地建成后瑜伽爱好者可以到此练习瑜伽，可自带瑜伽垫，也可在集训区租用，同时还有专业瑜伽教练在此教学。

这些项目的进行不需要依次收取场地费。但是，物品出租（包括乒乓球、羽毛球、篮球、瑜伽垫等）要计入租赁费用，以小时计费；物品以不高于市场价格的定价出售，计入商品费用；另外，专业教练的教学也是需要收取等价的学习费的。室内健身区也可以设置优惠卡优惠套餐，或者特殊节假日对特殊人群的优惠政策，比如教师节当天教师可凭教师资格证免费体验专业教练的教学过程等，以此吸引更多的客源。

（2）儿童娱乐专区。

该规划建立儿童娱乐专区的目的是方便带小孩来室内健身区的家长，让他们在进行体育锻炼时，其小孩能有自己的娱乐活动。同时，在儿童娱乐专区会有专人看管小孩，保证小孩在玩耍过程中的安全。当然，在此期间家长也可以与孩子一同玩耍，共享亲子之间的愉快时光。儿童娱乐专区供小孩娱乐的项目包括：可容纳 30 个小孩的气垫蹦蹦床、儿童玩耍沙以及两种供不同年龄段的小孩玩耍的摇摇车。

该专区各种项目以小时计费，届时可出台一些优惠政策，比如一天当中的某个时段免费开放，或者一周当中的某天免费开放等。

3. 农家乐

此旅游产品是将虚拟网络中的 QQ 农场在现实中实现。由经营方提供闲置的田地、种植物品、肥料及前期指导种植、后期精耕细作的人力。消费者以租赁、购买等形式获得田地的使用权，在相关人员的协助及指导下亲自进行种植，体验原始的农耕种植文化。针对不同的顾客群目标具体可采用五种方案：

（1）爱情篇。主要面向情侣市场。在恋爱期间情侣可以购买田地的使用权，并亲手种植属于他们的爱情纪念品。可以是代表爱情的各种花卉，对方喜欢的蔬菜、水果、茶，或者是以后结婚布置新房时将用到的观赏性植物等；婚礼进行时，在婚宴上可以让亲朋品尝“爱的结晶”，使整个婚礼别具亮点；婚后蜜月期，新人可以重新进行种植；结婚周年庆时，可以再次种植、料理、采摘。

为表示对爱情坚定的奖励，爱的保质期越长，后期种植的费用呈一定比例递减。

（2）友情篇。兄弟或闺蜜可以选择田地共同种植，并要在规定期限内回来亲自料理。若为未婚群体，可将种下的植物送给第一位结婚者，继续种植直到最后一个完成婚礼，最后一个种植期间可享受费用全免的待遇；若为已婚群体，则可以将所收获的物品在结婚周年庆送出，结婚周年庆时间越长，价格越低。

（3）亲情篇。主要针对的是家庭组合，以一个家庭为单位进行种植，将一大块田地细分为几块，每个家庭成员种植不同的植物。收获的物品由经营方在不同的节日前夕寄送到消费者家里，让其体验全家集体劳作的果实。

（4）小孩成长篇。家长可以为其小孩购买一块田地进行种植，在小孩周岁庆或平日里回来料理，并品尝亲手种植的美食，或将所收获的物品寄送到顾客家里，随着时间的推移，小孩的岁数与种植价格成反比。

（5）修心篇。主要针对的是来寺庙烧香拜佛的游客，游客可以在这里购买一块田地种植一些斋菜，平日里可亲自过来料理或者委托风景区人员料理（风景区可从中获取一些报酬），在重要节日需要祭拜神明的时候可以品尝自己亲手种植的斋菜。

通过以上五种特色方案，增加游客重游此地的次数，并促进当地相关产业的发展。

4. *户外烧烤场*

户外烧烤场位于农家乐区域北面，为家庭休闲、朋友聚会、团体聚餐等游客提供野炊和露天自助烧烤、烧窑，游客可自带食物，也可在农家乐区里购买，将自助烧烤、烧窑集中在一起更有利于保证风景区与游客的安全。户外烧烤集亲子娱乐、户外休闲、农家体验于一体，在这里，游客可以享受烹调食物的乐趣，在成果共享中拉近人与人之间的距离。但在这里要特别做好防火措施，注意生态环保等。在进行户外烧烤的同时，游客还可进行多项娱乐活动：

（1）棋牌麻将。棋牌麻将作为老百姓日常所喜闻乐见的休闲娱乐项目，在不违反相关娱乐管理条例的前提下，在露天烧烤场里设置一两张收费麻将桌，可增强娱乐性，也可增加风景区的收入。

（2）休闲吊床。游客来到烧烤场，在享受美食之后，也能享受到休闲吊床带来的轻盈舒适。在露天烧烤场外空阔清爽的地方安置一排安全舒适的吊床供游客免费体验，这样游客可寻求到一种与大自然融为一体的独特感觉，特别是在凉风习习的盛夏傍晚。

（3）户外卡拉 OK。游客在品尝烧烤美食后可到烧烤场的户外卡拉 OK 处进行此项娱乐活动，放松身心，愉悦自身，陶冶情趣。为不打扰其他游客以及当地居民和学生，该处可用隔音效果较好的木质隔音板进行适当隔离，并对卡拉 OK 的音量和活动时间进行限制，音量和时间的限制应与当地居民以及学校的实际相适应，在保证不影响居民的日常生活以及学生的学习生活的前提下方可进行。

（4）菜园采摘。烧烤用的蔬果在附近的农家乐基本上都有种植，可让游客前往农家乐的菜园采摘，让游客特别是小孩子体验一番摘菜过程的新鲜感与不易，提高保护粮食、珍惜粮食的意识。

除此之外，还可以设置秋千、射箭、飞镖、踢毽子等小型的娱乐项目，让老百姓在享受烧烤乐趣与美味的同时，也能进行集娱乐、休闲、体育于一体的其他体验项目。

5. “野趣人家”

“野趣人家”既是一个野营者驿站（即中途休息站），又是野营训练区里面一家具有特色的简式小店。它位于户外烧烤场的东南面，与农家乐和户外烧烤场的地理位置靠近，三者正好形成一个三角形，这种布局使得在农家乐或者户外烧烤场的游客有什么需要都可以很方便地前往购买，使游客在旅游过程中获得较大的满意度，提高风景区游客的回头率。总的来说，“野趣人家”主要有以下五项业务：

（1）专属旅游纪念品售卖。聘请专业设计机构根据野营训练区旅游形象设计 LOGO 和设计专属旅游纪念品，展示其整体旅游形象，如野营特色钥匙扣、U 盘、挂件、冰箱贴等小物品，还可将标志印制到衣物上，制作野营训练区太阳帽、文化衫、明信片、雨伞等供游客购买留作纪念。

（2）明信片慢递服务。设置一个区域供游客写明信片，并提供各种款式和价格的明信片。游客可以写完明信片后放在此处，待下次到来时重寻上次游玩的足迹；也可以选择慢递服务，慢递服务价格和慢递时间成正比，慢递时间越长，慢递服务费越高。这对于游客来说是一种新奇的体验，游客可以写给一年后或者十年后的自己或者作为旅伴的他/她，这项服务对于游客来说具有一定的吸引力。

(3) 烧烤场食物及用具的购买。此项业务主要为烧烤场的游客提供方便，提供一些简单的烧烤食物以及烧烤用具，如热狗、烧烤酱、锡纸等。

(4) 集训区的“后援”。为企业内训、企业团队拓展训练、野外生存训练、城市生存、户外团队活动与旅游拓展等体验式训练提供物质支持，出租一些野营训练必备用品，如帐篷、照明灯、睡袋、背包、小风扇等。此项业务的物品出租要收取一定押金以及签订协议，规定若是损坏、遗漏物品必须作出补偿等事项。

(5) 欢乐石吧。舒适的休息吧台主要用石头筑成，为游客提供各种饮品和美食，游客可以在这里聊天、休息、拍照，享受悠悠野外时光。

6. 艺术视线走廊

艺术视线走廊贯穿于整个野营训练区，以休憩亭为串联点，以大众游览路线为基础线路。休憩亭位于视野较好的地理位置，可供艺术生写生，管理方可通过与饶平县青少年宫合作定期举办某些活动，如石壁山优秀书画作品评选活动，鼓励艺术生选择自己满意的书画作品来参与评选活动，将选出的优秀作品裱框并挂于这条艺术视线走廊供人参观。当然，这些作品也是需要定时更新的，以此提醒优秀生不骄傲，也给予其他人更多的机会，吸引学生和家长的眼球。

7. 其他基础设施

(1) 游客中心。位于露天停车场附近，距离风景区管理处以及综合服务区较近，方便及时为游客提供服务。其具有以下六项主要功能：①停车管理处；②旅游信息咨询处；③提供野营训练区导游全景图；④提供野营训练区游览线路图；⑤提供野营训练区服务设施分布图；⑥提供宣传手册、画册、导游图、导游材料等。同时还具有失物招领、物品寄存等其他功能。

(2) 休憩亭。合理分布在风景区路线上，作为游客的暂时休息处。

(3) 露天停车场。位于野营训练区的入口处，为自驾游的游客提供方便。这些基础设施也会对停车的游客收取一定的费用，以次计费。在游客中心办理了停车优惠卡的游客可以享受风景区的不定时优惠政策。

(4) 洗手间和垃圾桶等。

### 13.5.4 项目投资预算

根据石壁山风景区规划，野营训练区投资预算为 1 100 万元，于 2020 年建设完成。

# 附　录

# 附录一　关于石头的传说

1. 险石

南宋末年，朝廷为了对付元兵入侵，派人跑到潮州畲族聚居的村落，组织畲家军配合文天祥抵抗元兵。畲家军有个将领叫陈吊眼，陈吊眼有武艺、有计谋，聚集一伙畲族兄弟在砚田村对面的山上安营扎寨，和元兵作战。百姓称他为“陈吊王”，把寨叫做“陈吊王寨”。农民起义首领陈吊王兵败被俘前，曾把大量宝藏埋在这个地方，并在石上刻下几句话。据说，能破解这个谜语就能找到宝藏的位置。原来，当年陈吊眼敌不过文奠佐军队的猛烈攻打，驻扎在金樟坑的陈惠娘拼死救援。陈惠娘知道大势已去，临走时把金银财宝全都埋藏于一块被当地人称为“险石”的大石头下，并留下谶语：“金樟坑，犁头石壁下，翻心一箭步，三大缸，四船载，有福之人，绕着千子万孙。”谶语流传甚广，来此寻宝的人也很多，但至今没有人找到。多年后的一天，有个姓张的官员路过石壁山险石，见险石奇异，就在四周转了一圈，后来累了，便在石脚下打了个盹。忽然梦见十八个无头鬼跑到他跟前，哭哭啼啼要求超生，还说出陈吊王那十八瓮金银掩埋的地点。姓张的官员醒来后，心想，金银是身外之物，我要不得；但那十八个无头鬼倒是要把他们赶走，免得这里不清净。回衙后，他就请和尚在险石旁念经做佛事，并请来石匠在石上刻佛语，中间一句是“南无阿弥陀佛”，右边是“制煞”二字，意思是不让鬼魔作怪；左边刻的是金银埋藏的地点，其实那些字都是些偏旁笔画，谁也看不懂。

2. 陈吊王的传说——蛤蟆石

陈吊王寨树木多，荆棘丛生，蚊子满天飞，士兵们常常被蚊子咬得睡不着觉，还害了疟疾。天上的蛤蟆大仙听知，特地赶到寨上来，专门吃蚊子，保护陈吊王和他的士兵。蚊子没有了，大家睡觉安稳了，也不犯疟疾了。蛤蟆大仙怕自己走后，别处的蚊子还会飞来作孽，临走时，就把寨里的一块大石头点化成蛤蟆。从此，寨上的蚊子就绝迹了，后人就把这块大石头叫做蛤蟆石。

3. 出米石

海山浮任风冠山脚下，有一间久远的平房，长满绿苔的后壁土墙下边，有一块天然巨石从屋后斜伸至屋里，暗褐色的大石中间有一小洞穴，宽仅容指，而深不可测。相传很久很久以前，此石洞每天有白花花的大米流出，由此，人们称之为“出米石”。

有一年十月十四日“五谷母生”，按村中风俗，家家户户都要在装白米的米瓮上盖着红纸，插上香，前边摆些纸钱果品跪拜，祈求五谷丰登，年年余粮，俗称“拜米瓮”。怎奈守志家贫如洗，米瓮空空，教他如何插香？他只好把香插进石缝，随后望着空米瓮叩头跪拜。是日晨金鸡报晓，守志一觉醒来，觉得后墙角隐隐有声，侧耳倾听如珠坠玉盘，心觉有异。天亮视之，发现小石洞有白米慢慢流出，守志既欢喜又惊奇，慌忙面朝奇石跪下，连连叩头，喃喃念道：“上苍保佑！上苍保佑！”他找来很久没用过的米筒把米一量，足有半斤，真乃“雪中送炭”。喜得他一面忙着生火煮饭，一面叫醒儿子，告知其事，并嘱咐他对外秘而不宣，以免招惹是非。没几年，家境日见宽裕，儿子也长大成人。守志请来媒姨说合，聘得邻村一农家女为媳。

再说媳妇初过门，三日新娘样，四日下厨房，料理日常家务，见出米石如此神奇，日久遂起贪婪之心，思忖着：倘若能使小石洞的米出得多些，吃不完便可开店出卖，免本净利，岂不美哉！只恨石洞口太窄，米出得太慢。于是，她找来蚝凿、铁锤，叮叮哨哨地打起来，把出米石洞打得火星闪闪。可谁知事与愿违，白米一粒也得不到，倒把洞给封死了。

守志父子回到家里，知道出米石失灵，悲愤万分，但也无可奈何……

至今，浮任出米石犹存，虽然它已不再出米了，但饶有趣味的传说却流传至今。

4. 风动石

石壁山上有一块大石头，这块石头是饶平人的骄傲，有“饶平第一奇石”之美称。只见这块石头停在石臂上，见倒又不倒，据说风一吹，石头就会动，于是被称为风动石。

5. 石壁庵鸡枉上世

在饶平一带，对于一些生不逢时、居不得地、一切都不如人意者，人们总是感叹道：“石壁庵鸡枉上世。”这个谚语来源于当地的一个古俗。古时候，人们认为雄鸡在未时到子时啼叫是不祥之兆。这里的人喜欢养鸡，几乎家家户户都养上十只八只。养鸡的人如果听到自家雄鸡在未时到子时啼叫，就惊慌失措，翌晨一早就要把这只雄鸡送到黄冈城石壁山去流放。石壁山俗称栖元山，当时是黄冈人流放“凶煞”雄鸡的地方，这些放野的雄鸡觅食艰难，永无“配偶”，最后不是活活饿死，就是被野猡充饥。现在虽没有这习俗，但我们仍可以通过这古俗语看到古俗的痕迹。

6. 御史石

明朝正德戊辰年，在进庵埠镇文里村，出了一名进士叫杨璵，官至南京都察院御史，后来因病辞归故里。

杨璵和家人乘船回乡时，船吃水很深行得很慢。原来，船里装了很多木箱，箱子很重，并上了镇。船到达家乡护尤庵前码头时，乡人见他满载而归，都以为这是他在任上搜刮来的民膏民髓，有人还暗地里骂他不是一个清官。

杨璵从容地让家人把所有的箱子都搬上岸，当众一一启锁开箱，大家不觉一怔，因为里面根本不是什么金银财宝，而全是拳头大小的各色卵石。当众人目瞪口呆时，杨璵笑着说：“诸位乡亲！家乡人总是希望亲人在外能发财致富，满载而归。我虽在外当官多年，回乡却没什么可带。就搬了几箱南京雨花台的石子，一来做做体面，二来也可压压船头。”接着，他叫家人把石子铺在岸边一段坑洼地（今内桥关头），以平整道路。

众人钦佩这位两袖清风的御史，后来就把这些铺路的雨花台石称为“御史石”。

7. 石上荒冢

倚靠三百门港区的坂上村，村东面的海边，有一大石，高二丈有余，方围数丈，石的中央低凹，状似旧时的灯盏，因此当地的人管它叫“灯盏石”。有趣的是这灯盏石的上面有一个小坟堆，不知经过多少岁月，经历过多少风风雨雨的冲刷，小荒坟依然存在，绿草葱葱。在这大石上修坟葬人究竟是怎么回事，这里有个世代流传的故事。

明朝某年，有一家眷船，夫妻两口，年将不惑，膝下还没有儿女，心情非常焦急。初一、十五总虔诚地拜天爷、祈妈祖，船里香火不断，希望神冥保佑能生下一个儿子，颐养天年，使后靠有人。夫妻俩盼星星盼月亮，产下的却是一个女孩，虽不是男孩，却也多少安了两口子的心。小女孩乖巧可爱，夫妻俩视为掌上明珠，疼如心头肉，长至十岁左右，这一年的七月，夫妻俩在三百门旗头外海面捕鱼，骤然东方黑云压顶，西北风紧吹，他们意识到暴风雨就要到来了。船急驶入三百门港内避风。老天不作美，祸不单行。就在这个风雨交加的夜里，小女孩发起了高烧，呼吸急促，气喘吁吁，没医没药，急得夫妻俩团团转，好不容易挨到天明，小女孩因得不到医治而一命归天。夫妻俩眼睁睁地看着心爱的女儿死去，悲痛欲绝，呼天喊地，放声大哭。但女儿的尸体将怎样处理，又难倒了夫妻俩，他们不忍心将其抛下大海，但又不敢葬在山地上。因那个年代有这样的规例习俗，家眷船上的人死了，尸体只能海葬，不能上山。于是，夫妻俩便心生巧计，将女儿的尸体放在灯盏石上，盖上沙土，以寄托海中生活的哀思，这就是石上坟堆的由来。数百年来，没人给这个坟堆培土、烧香，可小坟堆依然存在，永不消失，它给人们留下了一个传奇的故事。

8. 猪头石

韩愈被贬到潮州后，要在潮州城外恶溪上面建一座大桥。因为水深流急无法施工，便请侄儿韩湘子他们八仙和活佛广济和尚帮助。广济和尚负责西岸工程，八仙负责东岸工程。为了早日把大桥建好，他们都大施法力，各显神通。广济和尚跑到桑浦山来，口中念起符咒，用手一指，只见满山石头都滚动起来，霎时变成一群羔羊，由他赶往潮州城。东岸八仙跑去凤凰山，把山上石头变成一群猪，也赶向工地。八人分批赶猪，最后只剩铁拐李赶着最后一批猪下山，哪知半路碰到一个孝妇在一座坟墓前啼哭。这丧气一冲，符法失灵了，那群乌猪没了仙气变成了石头，于是当地把这些石头叫做“猪头石”。

9. 太子洞

据说，当年宋帝昺在众大臣的保护下逃难，因后有元兵追赶，想找个地方躲避，喘一口气。谁知到了山上一看，都是光秃秃的石头，没有隐蔽的地方。此时，一大臣找到一山洞，众人马上簇拥着宋帝昺进去。转眼间，元兵追上来，却不见人影，就四处搜山，搜到山洞口，有个士兵说：“他们会不会在里面?”当官的一看，骂道：“瞎了你的狗眼，这洞口织了这么多蜘蛛网，宋皇帝绝不会藏身于此!”于是带兵到别处去搜。原来是蜘蛛精可怜这小皇帝，宋帝昺等人一钻进山洞里，它便连忙吐丝结网，把洞口封住，这才救了小皇帝等人的性命。当时，宋帝昺才七八岁，刚做了几天皇帝，可老百姓尚不知情，以为他还是太子，所以就把这石洞叫“太子洞”。

10. 仙人棋石

从前黄冈有一座石壁山，山顶上杂草丛生，崖石层叠，泉水叮咚。一天，有个樵夫上山砍了柴准备回家，忽然看见迎面来了一位白发苍苍、身穿长袍、手拄拐杖的老人，他笑着对樵夫说：“兄台，请你同上棋台弈棋。”说完手挽樵夫轻轻一跳，便跳上三丈多高的崖石顶。老人盘腿坐下，用手指在石坪上轻轻画了一圈，石坪上立刻现出了一个圆圆的金石棋盘。两人一坐一蹲，开始聚神行棋。下了一盘又一盘，樵夫肚饿喉干，便想下来找东西吃，老人从身上摸出一颗大桃子，让樵夫充饥解渴，便又继续下棋。

日头落山，月亮上山，月亮圆了又缺，缺了又圆，霜花冻死了山草，春风催开了野花，山草冻死了几回，野花开放了几度，樵夫都没有察觉，他在石坪上蹲出了两个深深的脚印。

这时，樵夫忽然想起老婆的吩咐，要他赶快把柴挑回家做晚饭，便匆匆辞别了老人，他拔出插在一旁的尖扁担，一看，扁担已被白蚁蛀去了一大截，只能用肩扛柴急忙下山。

踏入乡里，乡亲们看到他像见了鬼，吓得躲的躲、跑的跑。他觉得奇怪，看看自己的身子，并没有什么变化。来到家门外，看到母亲在埋头烧纸钱。进门，看见老婆在厅里对着家神牌号哭。樵夫想，才走了一天，家中死了谁呢？他开口问老婆，老婆抬头看见他，“啊”的一声吓昏过去了。门外的母亲闻声跑进来，一见他也吓倒在地上不省人事。樵夫赶紧喊来四邻乡亲，一齐把她们救醒。老婆醒来认定眼前真的是自己的丈夫，这才从头到尾把事情说出来。

原来那天樵夫上山，天黑了还没回家，老婆、母亲等急了，就同乡亲们点了火把上山寻找。一连找了好几天都找不到人，以为他不是被老虎吃了，就是摔死在哪个崖下。婆媳俩哭得死去活来，后来就为他办了丧事，还给他立了牌位，祭祀了三年，今天恰好是三年忌日。樵夫听了老婆的诉说，这才恍然大悟，原来自己在山上已下了三年棋。他把这一天自己在山上的经过告诉众人，众人都说，那个老人一定是老仙翁。

从此，乡里人就把樵夫和老仙翁下棋的那块大石叫做“仙人棋石”，至今棋盘石还在。

11. *赌婆石*

许久以前，五华县境内的琴江流经梅林镇，江中有一块大石，高两丈余，堵在江中，使流水被迫从两旁流下。相传在江边一个村寨里，有个少女，聪明又长得标致，天天上山去割草，偶尔会唱山歌来减轻疲劳。无独有偶，邻村有个青年，是个耕田哥，有时上山去砍柴，多次碰见割草妹，暗地里喜欢她。有一天，割草妹在大石江边洗衣服，看见石顶上站着砍柴哥，便唱首山歌来逗弄他：“妹在河边洗衫衣，哥在石顶打‘武威’。妹今赌你跳落水，跳哩同你结夫妻。”砍柴哥立刻回敬：“妹子洗衫石上□，哥在石上唱山歌。妹子赌涯跳落水，跳哩畀涯做老婆。”果然，他从石顶上跳下来，落在沙滩上，只受了点轻伤。割草妹立刻走上前去扶救砍柴哥。从此两人就相爱起来，终于结成夫妻。人们称这里为“赌婆石”，《长乐县志》则称之为“堵河石”。

12. 鹰拍桃

石壁山风景区有不少奇石，其中有两块奇特的石头，一块有如苍鹰展翅，一块则活脱脱像颗仙桃。人们将它们合称为“鹰拍桃”。

相传，很久很久以前，天上王母娘娘诞辰，邀请天上众仙聚会。南极仙翁酒足饭饱，带着两颗仙桃回家。当他腾着祥云来到饶平地界时，因为不胜酒力，打了一个踉跄，手中的一颗仙桃掉到地上去了，但南极仙翁并没有发觉。不久，南极仙翁发现桃子丢了，不禁遗憾地说：“可惜了这好果子。”身边童子“扑哧”一声笑了起来。南极仙翁说：“你们笑我小气吗？你们不知道，这桃子要是让凡人吃了，便会长生不老的。”

说者无意，听者有心，仙翁身边的一只苍鹰，知道那桃子掉在汤溪，便悄悄地飞到那里，正好看到那颗仙桃还在水面漂来漂去，便俯冲了下去。苍鹰由于动了私心，因此无缘吃到仙桃，当它啄下去时，便觉得如同啄到石头一样。这时，仙桃渐渐变大，苍鹰并不死心，也跟着变大。南极仙翁发现身边的苍鹰不见了，便叫仙童出来寻找，但它们都早已化作石头了。由此，便有了“鹰拍桃”的传说。

13. 叠石——饶平黄冈的余娓娘

据说明朝孝宗年间，饶平黄冈有个才女，姓余名娓娘。余娓娘年方二八，生得貌若天仙，她七岁起吟读四书五经、唐诗宋词，名噪潮州，貌盖瓮城，求亲之人几乎踏塌余家门第，怎奈余员外膝下只有娓娘一女，不肯轻易就婚，欲择乘龙佳婿，入赘余门，以继香丁。

一日，娓娘与婢女春桃在后花园玩赏时，忽然有一乞婆，闯进园中求乞：“终日求乞走四方，跪拜娘仔讨分文。”娓娘见乞婆开口合韵，似有几分文墨，不觉动起诗兴，即景念道：“乞食婆，食乞，乞了食，食了乞。”春桃向乞婆逗趣道：“如能对得阿娘诗句，自有重赏。”那乞婆怎能对得，唠念娓娘诗句，沿街而去。谁知过了一会儿，乞婆又转回来，呈上一纸，上面写道：“富施主，施富，富了施，施了富！”娓娘嫣然一笑：“这句子是人家代对的。”又写了一首七绝：“脉脉凤江入海流，影倒瓮城水上游。八景争秀留佳客，千帆竞发逐渔舟。”托她交给代对之人。

原来这代对之人，正是名士曹宗。曹宗乃东里游园村人氏，年方二九。他少时饱读诗书，获东里神童美称。今春奉母命，寄居瓮城，与表兄余昌伴读，候来年上京应试，适才在书轩门口闲步，忽听乞婆口吟佳句，问明来由，因久慕娓娘才貌，着意代为对上。谁知霎时之后，乞婆又转回来，呈上诗卷，曹宗一看，诗中隐含“挽留”“追逐”之意，不觉眉飞色舞，即时回敬一首，交乞婆带去。就这样男女互慕才华，乞婆穿针引线，彼此传简递书，日子一久两人都“目在木旁，心在田下”，害起相思病来。

曹宗为了接近娓娘，接受余氏族长聘请，执教余家子弟，书斋木棉轩与娓娘花园虽然仅有一墙之隔，但隔墙如隔万里遥，两人相会无缘，幸得春桃愿为红娘，代传书简，共慰相思之苦。转眼初秋已至，娓娘写了书简约曹宗“月圆三更花园会”。

好不容易盼到中秋之夜，曹宗正欲前往与娓娘相会，不料族长派家丁来请他过府饮宴。曹宗推辞不得，只得勉强应付。半夜宴罢，族长又要他留步代写书信。原来族长之表兄张实在合浦为官，族长为表侄和娓娘摄合婚事，请曹宗代写书信，以便差人传书合浦，商议婚事。曹宗听了心如刀割，直至四更，还是书写未成，受了一番奚落回来，嗟叹错过约会，彻夜不眠。

数月之后的一个月夜，由春桃牵针引线，曹宗终于在绣楼与娓娘相会。从此两人经常来往，直到余员外发觉，已是生米煮成熟饭，员外只好应允曹宗入赘余家。因曹宗家穷，余员外令其即时上京求名，高中之后方可回府正式完婚。曹宗无奈，告别娓娘，来到京师。

在京城，曹宗奋发攻读，秋闱放榜，果捷高魁，衣锦荣归。为报余员外欺贫重富之怨，曹宗伪装落第，独个儿返黄冈。刚到石壁山脚，却被一伙强人拦住去路。原来，余家族长恨曹宗与娓娘私会绣楼，有毁余族家声，竟买通强人，将他杀了。娓娘闻凶讯，赶到石壁山脚，抚尸痛哭，最终头撞巨石，殉情而死。

娓娘殉情而死，瓮城、东里百姓十分哀怜，众百姓希望曹宗和娓娘他们能合葬，但按封建礼教和族规，他们不能合葬，族人只能将曹宗移尸游园。

曹宗娓娘，坚贞不屈，殉情而死，感天动地。石壁山下，长有两株参天红棉，枝丫相向，欲结连理。每当春天杜鹃啼叫时节，红棉相对开花，同时怒放！正是：双双红棉岁岁茂，相对开花年年红！

14. 戏囊石

黄冈雷音寺位于石壁山上，石壁山山后就是高耸入云的君（尊君山）臣（田峰山、宰相山）两山，山中似乎可以容纳百万大军。新近才建的弘法寺，是在古地名叫做“三滴水”的“狮子回头”风水宝地兴建的，传说很久以前在三滴水一块大石壁下，就有村民供奉观世音菩萨，而且屡屡有显灵现象。

三滴水大石壁中的一块大石头，也就是雷音寺大雄宝殿左后角一块高七八米，周长十几米，叫做“戏囊石”的大石头（“戏囊”就是戏班的“戏箱”）。这块大石头是戏囊山“十八戏囊石”中的一块，大石东面刻满“金刚般若波罗蜜经”。

有一个三滴水“戏囊石”的典故，相传有“客家皇帝”，即建立“飞龙国”的“飞龙人主”张琏，起义后几经奋战，最后兵败路过此地，不知出于什么原因，他把美丽可爱、武艺高强的妹妹及十八戏囊银压在大石下面，留下了“张琏弑妹”的种种传说和无限的哀思猜想，以至于人们思古心切，经常在早晨及夕阳时分，看见一个白衣少女在戏囊石周围散步、采花、跳舞……不过，广东饶平客属海外联谊会出版的《飞龙人主——张琏》载：张琏的妹妹叫做张三妹，在张琏起义后张三妹连同父亲都被官府杀了。

15. 石部母

石壁山下，住着一对穷夫妻。夫妻只养了一个女儿，取名阿珠，阿珠因为爹娘年老，家中无男儿，只得天天上山割草。

姑娘十八变，阿珠长大变成了天仙样。阿珠每回上山割草，村里的后生哥总喜欢跟她结伴走，左三人，右三人，前前后后跟成一片。男大当婚，女大当嫁，阿珠爹娘想，自己家穷，如把女儿嫁到穷家，一来女儿要苦一辈子，二来自己老了没依靠，就托人给富有人家说媒。第一家说的是圩上的药材铺，可是财主嫌她家没家底。第二家说的是城里的木炭行，可行主嫌她家门户不相当。就这样一连跑了好几家，都没说成。

媒人赚不到半个毫子不甘心，就主动给阿珠的爹娘提了几个。第一个爹娘嫌他家无隔夜粮，第二个爹娘嫌他家没养一只猪。阿珠的亲事到底还是没说成。

亲事没说成，阿珠不怨爹不怨娘，依旧每日上山割草。有一回，阿珠大热天挑草下山，肚子又饿，口又渴，不幸中暑昏倒在半山腰。恰好有个砍柴哥挑柴经过，发现有人倒在路旁，忙卸下柴担，把她抱到一棵大松树下，找来泉水替她刮痧。阿珠慢慢睁开眼睛，看见身旁是个陌生哥，羞得两颊红成两朵桃金娘。砍柴哥又找到一口塌古坟，掏了里面的山蜂窝，榨了蜜，盛在碗里兑了泉水喂阿珠。阿珠喝了香甜清凉的蜜水，慢慢好过来了，可是砍柴哥双手却被山蜂蜇成两只大南瓜，疼得他满脸汗珠大如豆。等到太阳下了山，砍柴哥把柴担草担一肩挑，扶着阿珠回到家。

从此，阿珠和砍柴哥就常常在山上见面，还一起砍柴割草。日子一久，他俩渐渐有了感情，砍柴哥憋不住了，一天，他结结巴巴地对阿珠说："珠妹，你做我的老婆吧。"砍柴哥是个孤儿，穷得上无片瓦、下无寸地，每天靠砍柴过日子。阿珠不敢答应他，只有把苦涩的泪水咽回肚子里。

可是日久天长，阿珠和砍柴哥终于相爱了。第二年，阿珠在山上偷偷生了个胖小子。砍柴哥就在深山林里搭了个寮棚，白天阿珠留在棚里奶孩子和做饭，砍柴哥砍柴割草。太阳下山时，他们就把孩子关在寮棚里，外面堆些树枝树叶遮盖好，然后各自挑柴、挑草回家去。第三年，阿珠又生了一个胖娃娃。

阿珠和砍柴哥的事慢慢被乡里人知道了，风言风语传到乡里老大耳里。老大一跳半天高，说："这是伤风败俗的事！"他跑到阿珠家里责问阿珠爹娘，阿珠爹娘都摇头说："我们什么也不知道啊。"晚上，阿珠挑草回来了，老大就在公厅前拷问她，她死也不说。老大只好说："把孩子扔在山上喂老虎，从今以后不再进山去，就饶了你。"阿珠说："孩子是我的命根子，要扔就扔我吧。"

第二天，阿珠照样上山，进寮奶孩子。没想到乡里老大已带人跟到寮棚外了，他们大声叱阿珠出来。阿珠知道事情坏了，她没有出来，仍旧坐在那里奶孩子。乡里老大大声威胁说："再不出来，我就放火烧寮棚啦！"阿珠仍没动，她把孩子搂得更紧，乡里老大见阿珠还是没有出来，就叫人点火把寮棚烧了。

寮棚给烧毁了，可是阿珠和搂在怀里的两个孩子都变成了母子石，依旧立在那里。人死以后，乡亲们暗地里骂乡里老大，怜念阿珠爱子的行为，后来就把这块石头叫做"石部母"。乡亲们还常常带孩子上山在石部母前烧香跪拜，求她保佑孩子们，消灾消难，平安如意。

16. 涑玉泉的故事

黄冈城北有一石壁山，山腰有一巨石，石下有一涑玉泉。泉水清澈，长年不枯，甜如甘露。清亮甘美的泉水是怎样来的呢？这里有一桩美好的传说。

传说古时候，石壁山上的万花丛间，住着一位美丽的仙女。石壁山下的黄冈城外，那时还是汪洋大海，海边石崖的古松上，住着一只白鹤。一天，白鹤衔来一颗海石，飞到花枝掩映的石壁山上琢磨起来。仙女听见琢磨的声响，便走过来问道："白鹤，你磨的何物？"白鹤抬头见是一位美丽的仙姬，立即摇身一变，化成一个潇洒的白衣少年说道："我要琢一玉石，为百姓消灾纳福。"仙女一听大受感动，因她早已窥得人间疾苦，也久有此意，便欣然卷袖，前来相帮。于是白鹤天天琢磨玉石，仙女也夜夜汲取花香薰玉。经过一千零一个日日夜夜，这海石终于被琢磨成一颗柿核形的晶莹碧澄的宝玉。幽幽花香，绽放异彩，把整个石壁山笼罩上一层瑞气，使整个黄冈城沐浴在瑞光之中。从此仙女和白鹤护着碧玉，每当早晚他俩站在石壁山巅，听着黄冈城传来悦耳的丝竹之音，想到百姓的安乐，竟也乐得翩翩起舞！

谁知好景不长，有一天，石壁山头骤罩瘴气，黄冈城头瑞光不见。这是什么缘故呢？原来是碧玉失窃了，仙女和白鹤好不焦急。仙女寻遍了整个石壁山的沟沟壑壑，白鹤找遍了整个海滨的悬崖岩洞，都没有觅到。于是白鹤说道："让我飞到天上去觅吧。"仙女说道："待我下到人间去找吧。"他俩为了寻回碧玉，依依惜别，相约得玉之时，就是聚首之日。正当此难分难舍之际，忽然一道白光闪闪，阵阵异香飘来，他俩好不欢喜，料定这是碧玉所发，便逐光寻香而去。

原来这石壁山，有一石壁庵，庵内有一癞和尚，生得猫目、钩鼻，有恶臭，乃是一只千年妖怪——猫头鹰所化。它嗜食死人肉，故而常常散发瘟疫，害得黄冈家家户户满门灾难。但自那碧玉辟邪驱疫之后，百姓便得以安居乐业，因此，癞和尚怀恨在心，便暗中把碧玉偷走，现正放在掌上，翻来覆去，寻思着如何把它毁了，以泄心中之恨。

这时仙女骑着白鹤来到石壁庵前，见白光是从庵寺的窗洞射出来的，便闯进庵去，冲上大殿对和尚怒斥道："原来碧玉被你偷了，还不快快还我！"那癞和尚眼一睁，头一歪，狞笑着说："你绝我肉食，断我香火，还不知罪！"说着便摩拳擦掌发作起来。白鹤见势，立即伸着长颈，狠狠往秃头一啄，竟把皮肉夹下一块来。癞和尚负痛，碧玉失手落地。仙女忙抢上前，趁机把玉夺过手，朝庵外走。癞和尚随手操起案上的木鱼赶出来，夺门阻住喝道："小妖精，你要玉，还是要命？"仙女怒火冲天，将玉紧紧捏在手心说道："你才是偷香窃玉的妖精呢！"那和尚恼羞成怒，口中念念有词，施起法术来，把仙女连同碧玉撵下古井中去；又抡起木鱼，往井里一摔，大喝一声“变”，立即变成一块千斤大石，砸得仙女昏死过去；转身又丢一蒲团盖住井口，吹一口恶气，立即变成一块万斤封井大石，紧紧地压住井口。

白鹤赶来，见状悲愤万分，便不顾一切地伸出了长嘴，蹬直双脚，使尽全身之力，将封井大石撬起来。怎知却被癞和尚把后脚抓住，用一根紫藤缚了，拖到柴房囚禁起来；又大喝一声“变”，白鹤即化为一童子。从此，癞和尚命他日服劳役，夜负死尸供养。童子假装顺从，筹思解脱之计。

且说这口古井，平日里，癞和尚吃过人肉，就把尸骨丢下井去，所以井水臭气熏天。但说也奇怪，自那仙女和碧玉落井之后，过了三天，井水渐渐变清、变甜、变香。原来那碧玉平日里聚了日月之精华，汲了百花之香气，所以能辟邪化圣。那木鱼本是癞和尚从五台山上偷来的，自听了这癞和尚天天念了邪经恶咒之后，罹难不浅；可是一喝了这玉水，便恢复了灵性，竟化成一条大红鲤。红鲤鱼为报仙女水的恩情，负女泄水潜海、浮尸于海。

这一日，有一渔翁在海上撒网捕鱼，这一网为何这么沉重呢？起网一看，原来是一条大鲤鱼和一具女尸。只见那女尸生得花容月貌，虽气息已断，但血色未改，渔翁甚觉惊奇。忽见那大红鲤扇着尾巴，跃上女尸，眼泪汪汪地滴下来，恰好滴入女尸的嘴唇。只见少女渐渐复苏，红鲤便一跃入海去了。渔翁惊喜之下，忙问少女的身世。少女因遭此番厄难，把仙界前情忘却了，说上无父母，下无兄妹，只有自己孤单的一个人。渔翁见少女无依无靠，便收她为义女；又闻得少女身上有茉莉花香，便取名茉莉。然后速速划船回家。他家住在黄冈河畔，竹舍一间，前有沙滩，后有长堤绿竹，临水而居，毗邻也多是渔家。从此，父女相依为命，打鱼渡生，本可清贫过日，怎奈茉莉生得花容玉质，惹得一城纨绔子弟都争相托媒求亲，犹如蜂蝶扑香争蜜。但姑娘从未答应，似有心事重重。渔翁询问。茉莉答道：“爹爹，如此世道，女儿无心婚事。”渔翁也只好摇头作罢。

光阴荏苒，不觉冬去春来。本是大好春光时节，可是黄冈又遭瘟疫。城巷冷落，宅院草生，祖师公庙前，日日陈尸遍地。凡生口疮的，七日即亡，这都是那癞和尚又在作孽的缘故。初时发病城中，后来渐渐蔓延到河畔人家。渔翁也染疾生疮，危在旦夕，他对女儿说：“我未招得女婿来继我香丁，我死不瞑目啊！若能医得我病者，可招其为婿。”女儿闻言悲切说道："偌大一个天地竟无良医，更无知音?!"她为了安慰爹爹愁急，也就默默点头遵命。是夜，渔翁奄奄一息，茉莉守在床前啜泣，这凄凄切切之声，随风飘去……

且说石壁庵的囚房里，这一夜，白鹤童子耳际似闻凄楚之声，阵阵拨动心弦，久久未能入睡。时至三更，朦胧之中，忽见一红鲤，衔玉涌波而来。白鹤便一跃而起，涉水接过了玉，紧紧捏在手心，正待回身，却被那漩涡一卷，沉了下去。白鹤童子惊醒，乃是南柯一梦。他急伸掌一看，不见碧玉在手，却是一把木鱼槌。白鹤童子又惋惜又生气地举槌一摔，无意中把那脚上的隐形的紫藤敲断了。童子喜出望外，开了门，径直来到古井边，对着那封井大石，猛敲了三下，忽见万斤石盖破裂开来。他又向井垣内壁猛敲三下，井面立即浮起了串串气泡，一泛眼间，一条红鲤鱼衔玉出水。童子大喜，双手一拍，立即化成一只白鹤，飞下井去，衔了玉，飞出井来，飞向长空，飞下凤江河畔，绕檐低回，忽听得茉莉姑娘呜咽之声，便徐徐飞落屋前。茉莉一怔，定睛一看，原来是一位俊俏的白衣少年。白衣少年径入草舍，见姑娘愁容满面，即问道："姑娘，你因何悲泣？可告于我。"茉莉忙诉说爹爹染病将危的情由。白衣少年安慰道："姑娘不要急，我有一碧玉，能起死回生。"便叫茉莉姑娘取清水一杯，亲手研玉于水。茉莉扶起爹爹，少年提杯灌之，果然灵验如神：一口复苏，二口痊愈，三口健壮如常。渔翁大喜，请少年坐于椅上，命女敬酒。茉莉含情脉脉地献了酒。少年接过，一饮而尽，然后深深作揖道："姑娘，恕我冒昧，请你收下我这块碧玉，以托知音。"茉莉姑娘略一迟疑，瞟了爹爹一眼，含羞地接过了玉。渔翁见状，便一手牵着女儿，一手牵着少年，笑道："我已有言在先，能愈我病者，可招为婿。三天之后成亲，不知你意下如何。"少年欣然应诺，作揖辞别，渔翁挽留不住。茉莉却还久久呆立，口中喃喃："我以何物回赠呢？我……我只有一颗少女之心……"直待清醒过来，才想起尚未问明少年家住何方，叫何名字，便急步追出门外，那少年早已杳无踪迹，但见夜空中一朵白云，在朦胧月色中飘飘而去。

这三天对于茉莉姑娘来说，简直好像过了三年。她对镜画眉，盼着吉日到来；她倚门翘首，盼着少年到来。好不容易盼到了第三天。就在这第三天，茉莉姑娘立于长堤之上，一直盼到红日西沉，但见余晖耀眼，天际有一朵白云飘飘而来，又似有鼓乐之声。姑娘凝神谛听，那鼓乐之声越来越清晰，白云开处见一白鹤徐徐而下。姑娘定睛一看，正是日思夜梦的人儿。于是姑娘张开两臂直奔少年，就在这一刹那间，两个情人紧紧地抱在一起。良久，姑娘飞红了脸，一把拉着少年，一同走进草堂。就在这竹舍草堂之内，茉莉姑娘和少年拜堂成亲了。洞房花烛，白鹤少年终于把前情告诉了茉莉，两人诉不尽昔日里在石壁山琢玉的衷肠，说不尽今夜里在人间的夫妻恩爱。这天上人间的一对，抚今思昔，坚定了为百姓消灾纳福的初衷，他们怎会忘掉满城百姓的疾苦呢？

于是他俩双双对对，形影不离，一同奔波于黄冈城里，一同出入于病人家里。妻研玉，夫提壶，玉到病除。真分不清这是夫妻情爱，还是同百姓之间的鱼水情谊。两人见满城患病得疮的人太多了，怕来不及救治，便两相计议，取来一口大缸，研玉于水，夜以继日，得玉水一缸，遂招全城患者前来取玉水服用。果然应验如神，不出一月，疫情平息。茉莉更视碧玉如命，便用红丝线穿起来，当作颈链贴身地佩挂在胸前，朝夕不离。

一天，春光明媚，晴空万里。时过晌午，茉莉将家务收拾停当，便到屋前沙滩上补网。听着浪涛拍岸的阵阵声响，极目海天，银波万顷，不觉心旷神怡，一双巧手在网上穿梭，随口轻轻地唱起渔歌来：

郎儿去打鱼，
海水边天边，
郎比鱼来妾比水，
鱼水长相依哟长相依……

她一边补网，一边甜甜地唱着，唱出了姑娘对郎君的恩爱。直到夕阳西照，海面上归帆点点。一只只渔船，向着晾网棚驶来。茉莉姑娘看得真切，爹爹掌舵，郎君划桨。船泊滩头了。她便赶忙迎了上去，三步并作两步走，一跃登船。三人欢欢喜喜地收拾了渔具，挑了鱼虾，离开了船。爹爹吩咐道："我挑鱼赶市，你二人回家去吧。""是！"茉莉应了声，便同夫婿一起搬网晾在棚上。微风吹得她一绺头发落在额前，夫婿忙为她掠起。茉莉嫣然一笑，又唱起那老是唱不完的渔歌来。茉莉唱着，夫婿也学着调，唱和起来，茉莉"扑哧"一笑。就在这情甜如蜜的时分，骤然无风起浪，晴天霹雳。茉莉抬头望着天空，只见乌云滚滚，一只秃鹰在头上掠过，虎视眈眈地朝着他俩俯冲下来，蓦地变成一个秃头和尚，凶恶地喝道："要想活命，夫妻拆散，还我碧玉！不然，死无全尸！"白鹤说道："恶和尚，玉是我俩琢的，还你何来？"茉莉也说道："你将我撵下古井，今我复生，你又来拆散鸳鸯，你好狠毒！"

秃头和尚哪容申辩，立即作起法来，一时雷声隆隆，一阵狂风刮起，将他夫妻冲散。茉莉匍匐来到郎君的身边，紧紧抱住他说道：“我俩愿同生死，永不分离。”言犹未了，又被一阵狂风冲散。少年冲上前去，紧紧抱住妻子说道：“我怎能舍开你，只是急难关头，我要与恶鹰拼个死活，你自珍重!”说罢，两手一拍立即化成一只白鹤，冲着秃头和尚的脖子一啄。秃头和尚被这一啄，露了原形，变成一只猫头鹰，迎战白鹤。只见夜空上，影影绰绰，一白一黑，忽隐忽现，嘶叫格斗而去……

且说茉莉扑倒在地上，急忙爬起来追去，一直追到石壁山的半山腰，见一大石兀立在前，便攀上石顶，举目四望，却什么都看不见了。黑夜沉沉，阴风凄凄，原来那猫头鹰作了法，把白鹤压在石壁庵的铜钟之下。茉莉料是郎君遭难，一时心痛如绞，便手按胸口，不意触到那胸前的碧玉，忙将碧玉掏了出来，捏在手中，口中念道：“碧玉呀碧玉！主人为你，不惜付出性命。今日主人遭难，你岂肯献身?”说罢，往巨石上磨将起来。一时玉石相碰，发出耀眼的火花，交织成一个光环，把茉莉姑娘罩住。那伏在树上的猫头鹰，想要伤害茉莉，可就是进不了这光环来，只好露着两只猫眼，死死地盯着她。茉莉为了救出郎君，一刻不停地磨着磨着。她忘了一切痛苦，一直坚持了三天三夜，竟把兀立着的巨石，磨出一道裂缝，从顶到脚裂将开来，到石根处，见一洞口，为薄壁所隔，洞里汩汩有声。茉莉一喜，使尽全身之力一磨，“轰隆”一声，一股喷泉沿空壁喷薄而出，那伏在树上的秃头恶鹰回避不及，被喷泉冲翻扑地，湿漉漉，颤抖抖，再也飞不起来了，只存两只猫眼眨着，发出凶光……那石壁庵的铜钟，也被飞龙似的喷泉冲翻了，铜钟内立即飞出一只白鹤，急急来到茉莉姑娘面前，搀起姑娘翩翩起舞，迎着那东方的彩霞，展翼高飞……

从此，石壁山重现瑞气，黄冈城又沐浴在瑞光之中。石壁山腰巨石之下，留下那股清亮甘美的泉水，涓涓地淌过茉莉姑娘留在洞口的碧玉，向着山下，向着人间流去……

# 附录二 关于同意《饶平县石壁山风景区旅游总体规划（2009—2025 年）》的批复

## 饶 平 县 人 民 政 府

饶府复〔2009〕4号

### 关于同意《饶平县石壁山风景区旅游总体规划（2009—2025年）》的批复

县石壁山风景区管理处：

上报的《关于要求审批〈饶平县石壁山风景区旅游总体规划（2009-2025年）〉的请示》收悉。经11月20日县政府常务会议研究，现批复如下：

一、原则同意《饶平县石壁山风景区旅游总体规划（2009-2025年）》。

二、严格控规，分期实施。控规工作由你处负责，县建设局、县城管办、黄冈镇政府等单位要积极配合，确保《规划》落到实处。

此复

二〇〇九年十二月三日

抄送：县旅游局、县建设局、县城管办、黄冈镇政府。

# 附录三　饶平县人民政府关于同意《饶平县石壁山风景区旅游总体规划调整（2016—2030年）》的批复

饶　平　县　人　民　政　府

饶府复〔2016〕21号

## 饶平县人民政府关于同意《饶平县石壁山风景区旅游总体规划调整（2016—2030年）》的批复

县石壁山风景区管理处：

上报的《关于要求审批〈饶平县石壁山风景区旅游总体规划调整（2016—2030年）〉的请示》收悉。经2016年4月6日县城乡规划委员会审议和6月2日县政府常务会议研究，现批复如下：

一、同意《饶平县石壁山风景区旅游总体规划调整（2016—2030年)》。

二、你单位要做好《规划》的宣传和组织实施，严格按照《规划》的要求加强管理，在实施该《规划》过程中，不得擅自调整规划确定的强制性内容，确需调整的，应按程序报批。

此复

饶平县人民政府

2016年9月18日

抄送：县住房城乡建设局。

# 附录四　石壁山风景区规划图集

石壁山风景区区位图

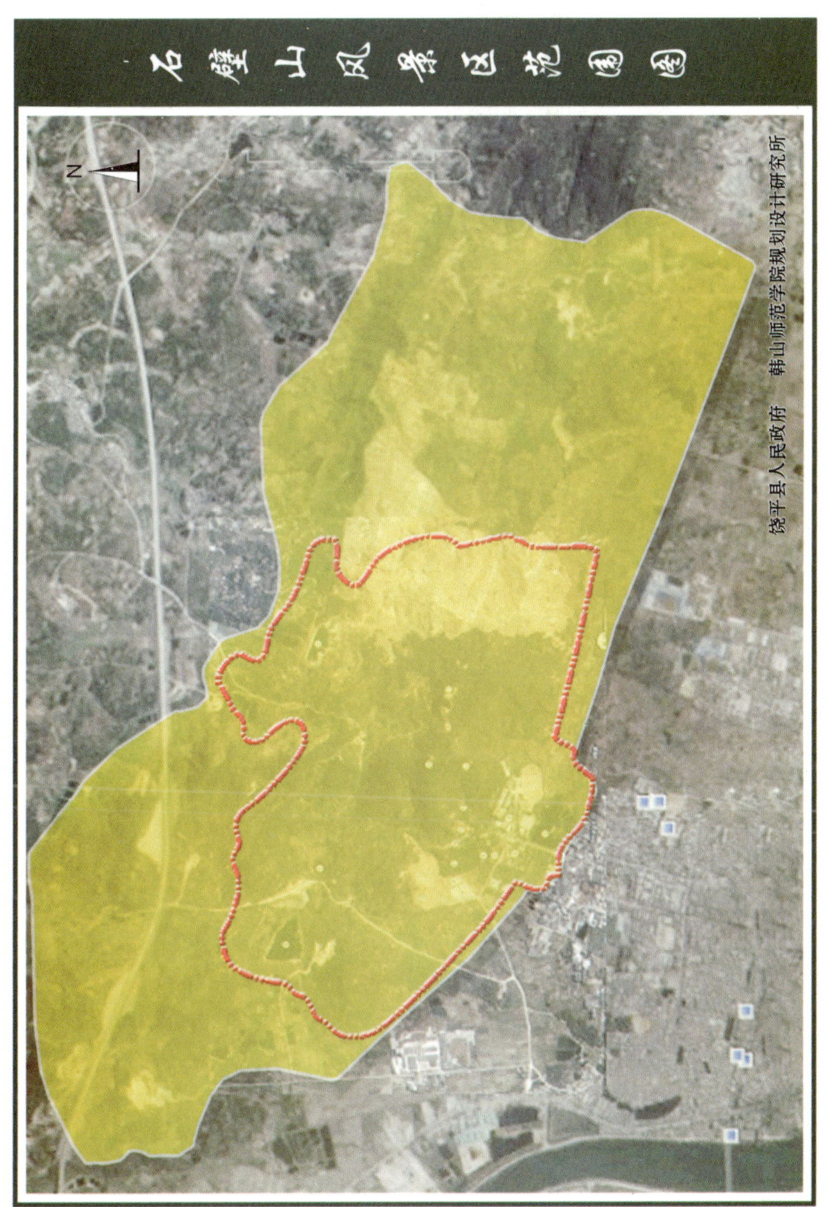


石壁山风景区范围图

石壁山风景区现状图
乌松山
中岭
石壁山风景区
大岭
饶平广播电视大学
上林
N
① 牌坊 ② 丽泽湖 ③ 饶平二中 ④ 废弃民房 ⑤ 纪念碑 ⑥ 景区办公楼 ⑦ 山寨点 ⑧ 墓园停车场 ⑨ 墓园管理处
⑩ 墓园 ⑪ 功德堂 ⑫ 南海精舍 ⑬ 雷音寺 ⑭ 涤玉泉 ⑮ 延景亭 ⑯ 纳海楼 ⑰ 电视塔 ⑱ 水库
饶平县人民政府 韩山师范学院规划设计研究所

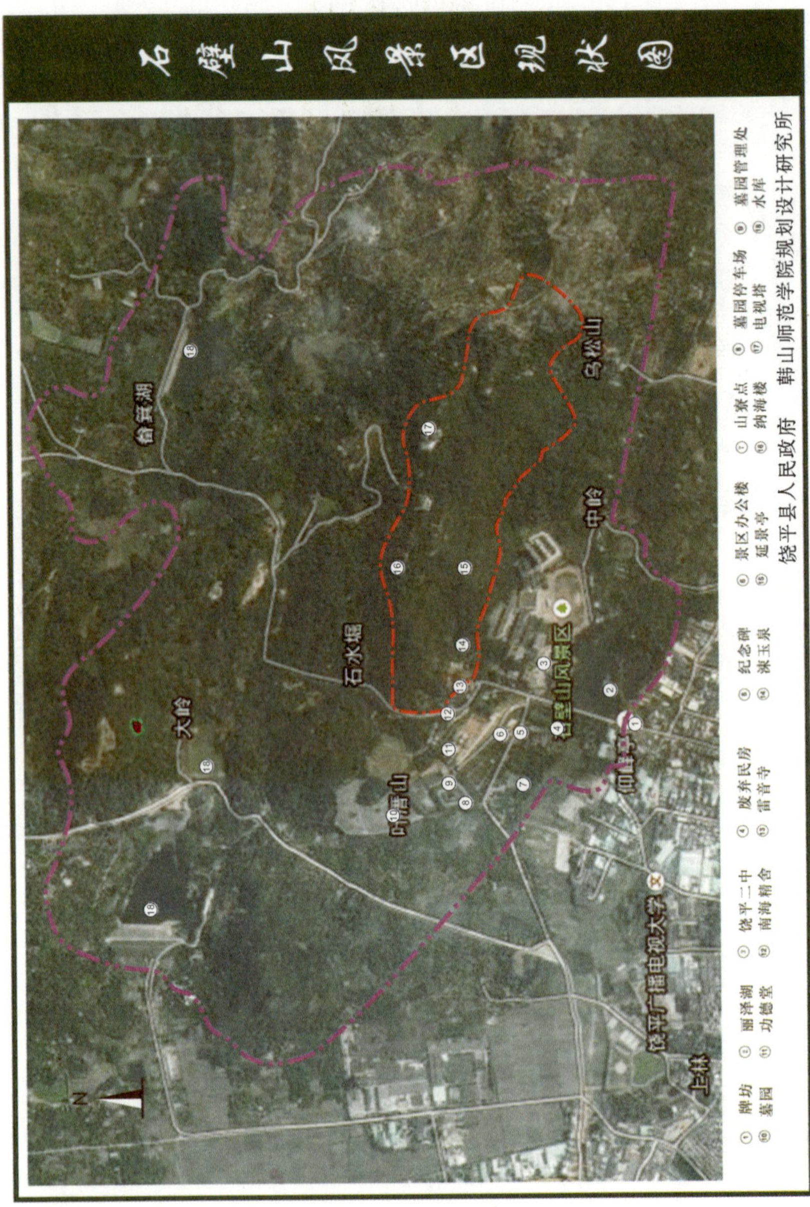

石壁山风景区现状图

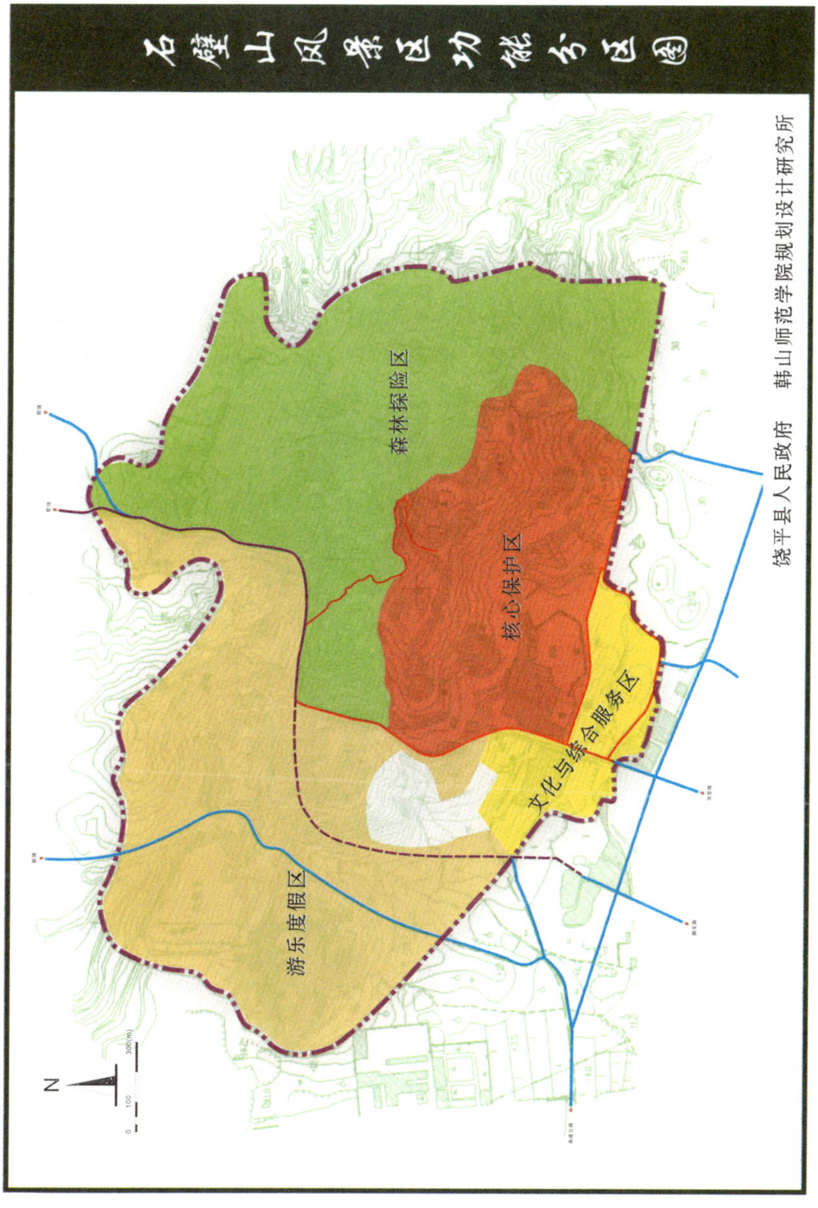

石壁山风景区功能分区图

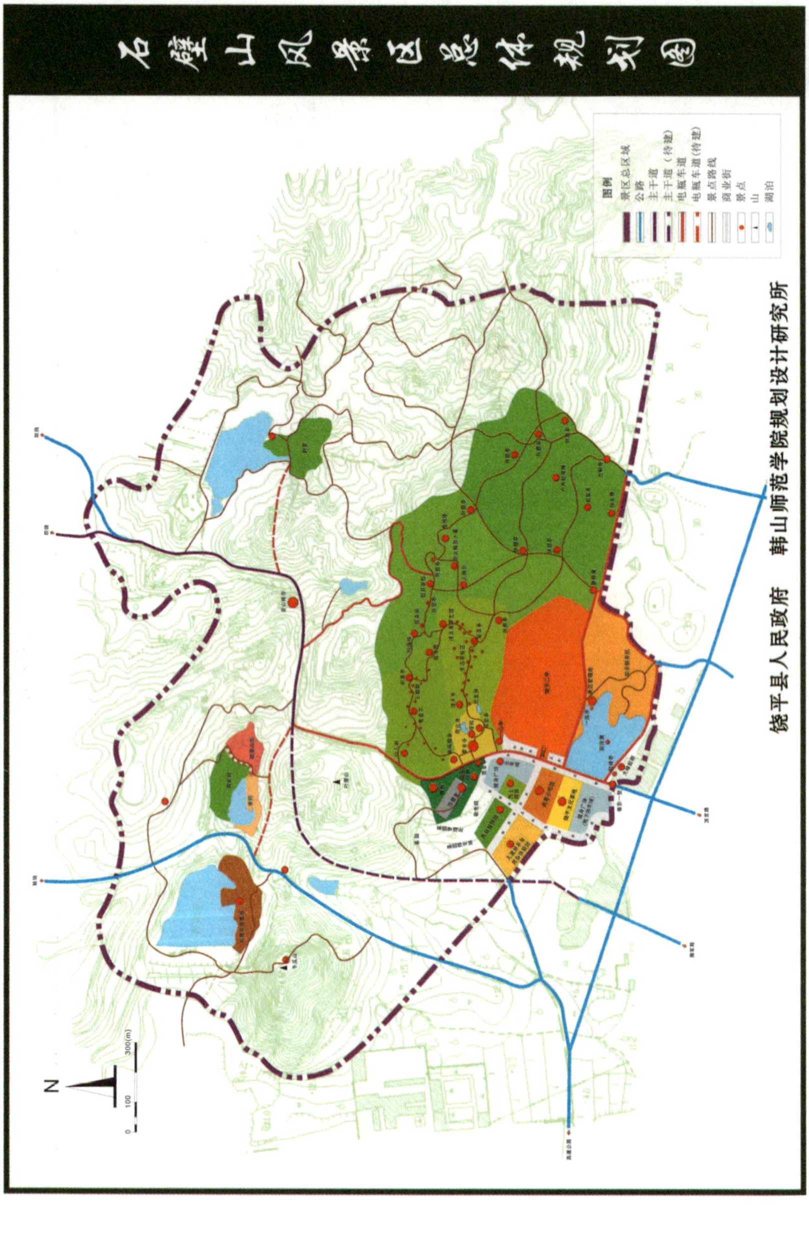

石壁山风景区总体规划图

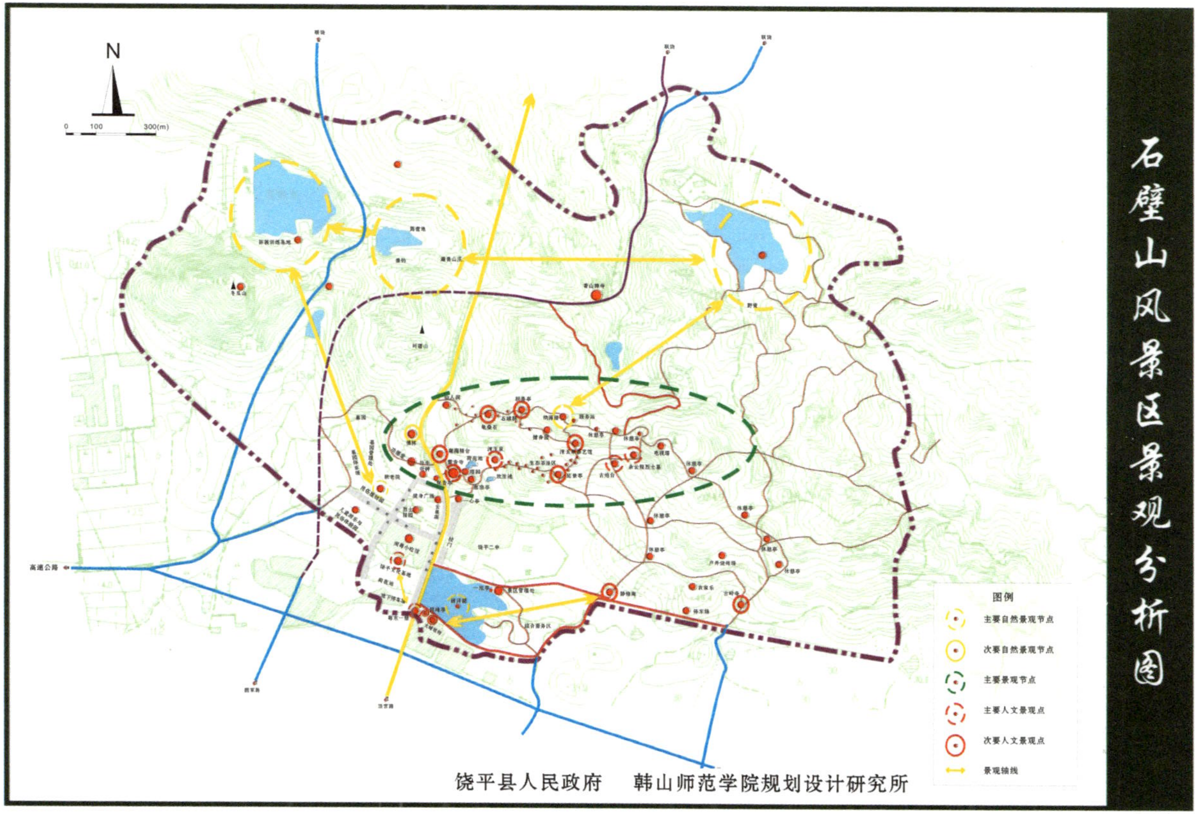

石壁山风景区景观分析图

饶平县人民政府　韩山师范学院规划设计研究所

石壁山风景区景观分析图

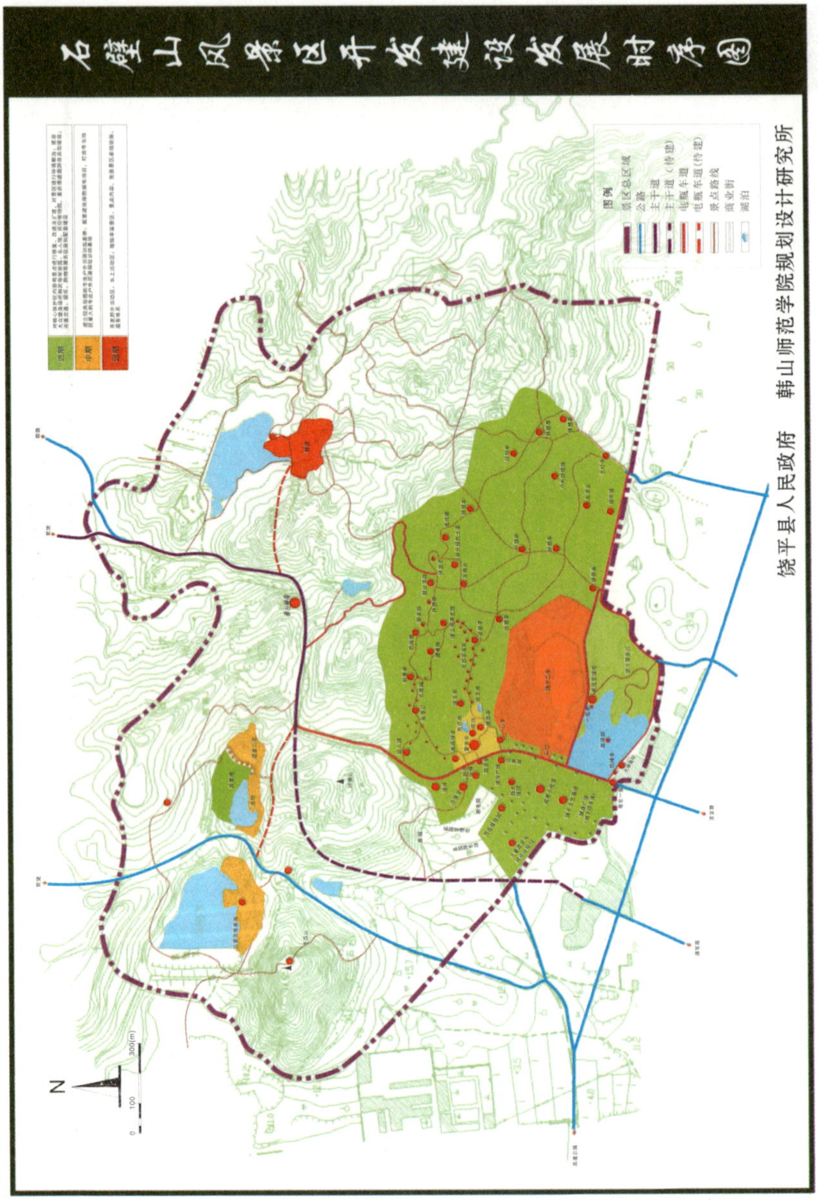

石壁山风景区开发建设发展时序图

饶平县人民政府　韩山师范学院规划设计研究所

石壁山风景区开发建设发展时序图

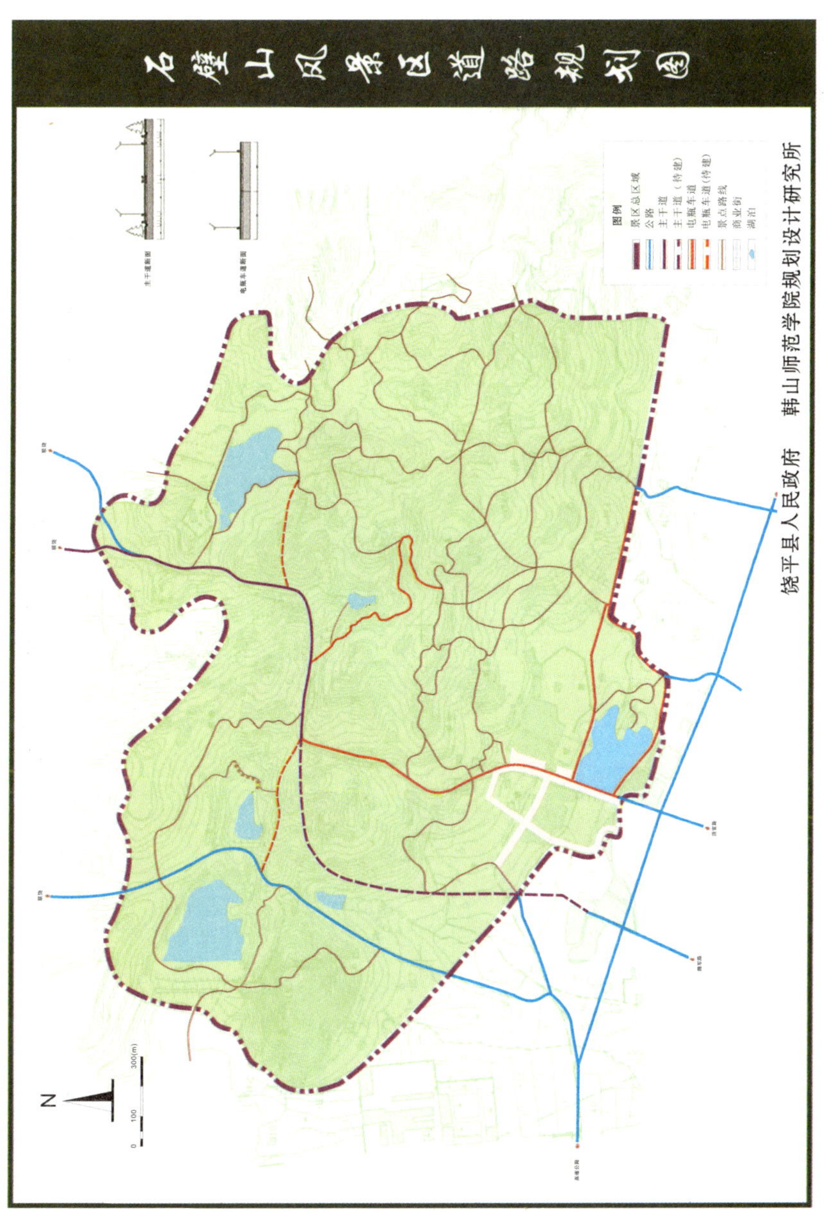


石壁山风景区道路规划图

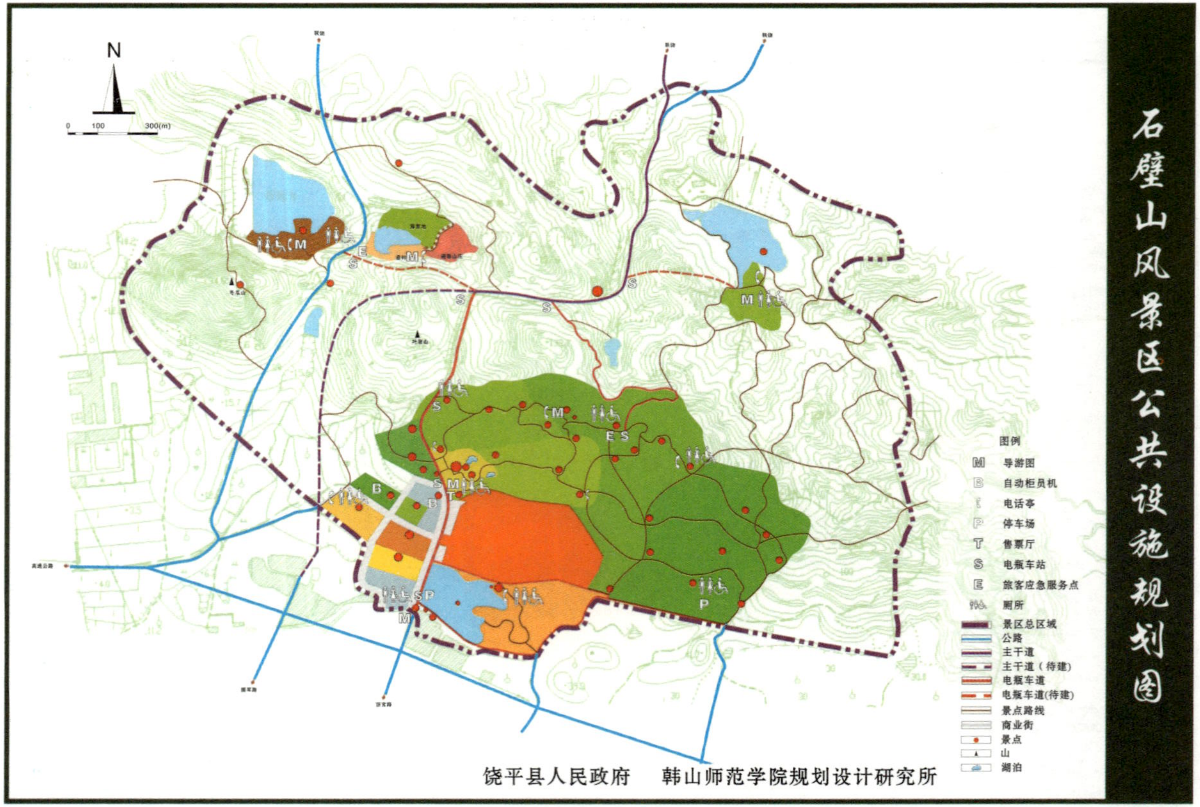

石壁山风景区公共设施规划图

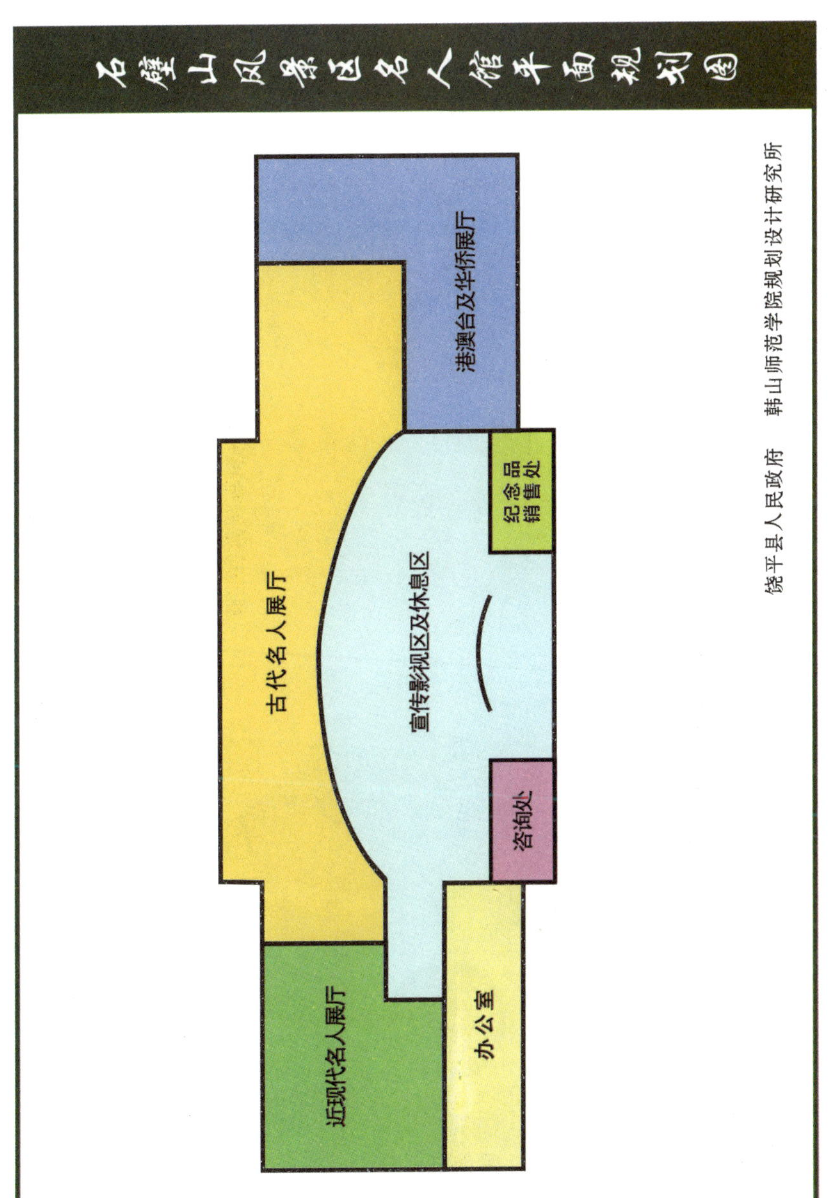


石壁山风景区名人馆平面规划图

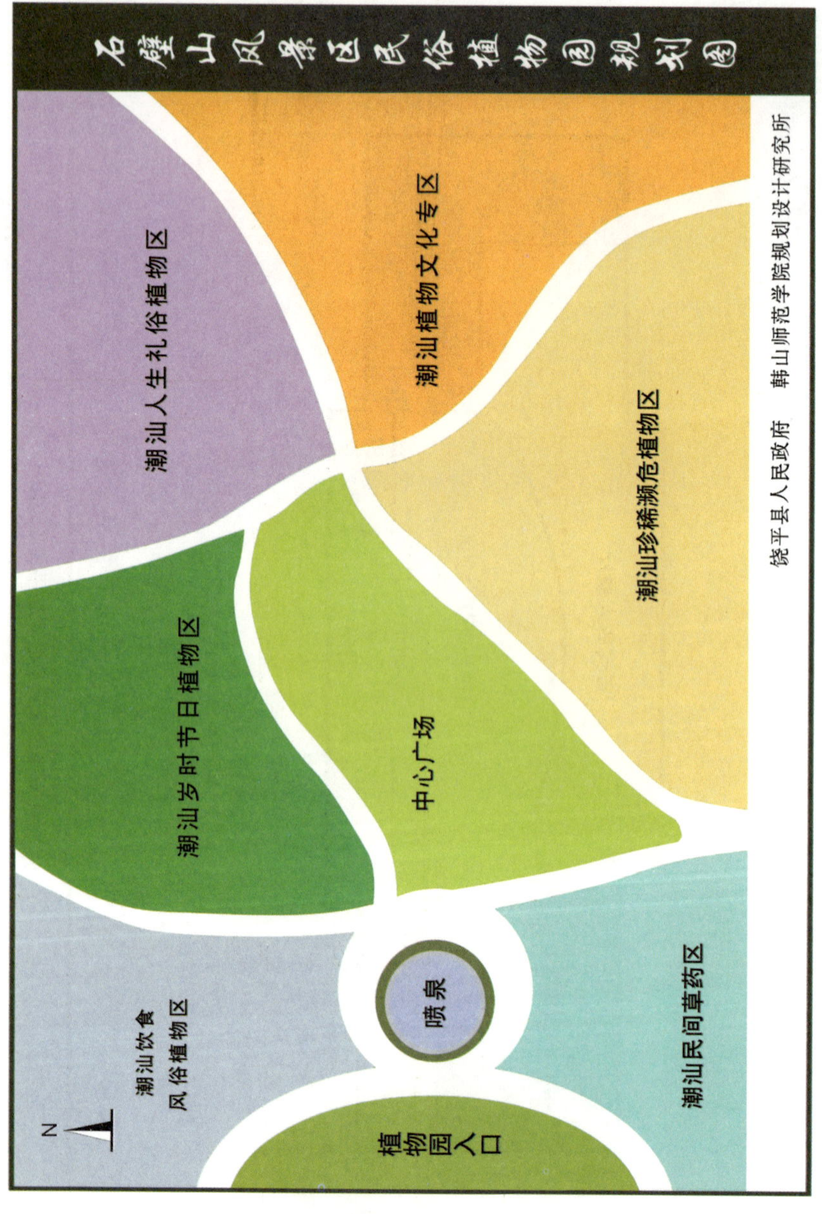


石壁山风景区民俗植物园规划图

石壁山风景区商业街规划图

石壁山风景区景区入口效果图

石壁山风景区丽泽湖游乐设施效果图

石壁山风景区闽粤小吃馆效果图

石壁山风景区商业街效果图

石壁山风景区民俗植物园入口效果图

石壁山风景区儿童游乐与民俗体验园效果图

石壁山风景区叠石群效果图

石壁山风景区纳海楼效果图

石壁山风景区生态茶座效果图

石壁山风景区野营休憩效果图

石壁山野营训练区艺术视线走廊效果图